—— 青铜峡库区 ——
湿地自然保护区鸟类图谱

QINGTONGXIA KUQU SHIDI ZIRAN BAOHUQU NIAOLEI TUPU

袁海龙　李辉民 / 编著

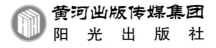

黄河出版传媒集团
阳光出版社

图书在版编目（CIP）数据

青铜峡库区湿地自然保护区鸟类图谱 / 袁海龙, 李辉民编著. -- 银川 : 阳光出版社, 2022.2
ISBN 978-7-5525-6242-2

Ⅰ. ①青… Ⅱ. ①袁… ②李… Ⅲ. ①沼泽化地 – 自然保护区 – 鸟类 – 宁夏 – 图谱 Ⅳ. ①Q959.708-64

中国版本图书馆CIP数据核字(2022)第031379号

青铜峡库区湿地自然保护区鸟类图谱

袁海龙　李辉民　编著

责任编辑　李媛媛　　丁丽萍
封面设计　韩道成
责任印制　岳建宁

黄河出版传媒集团
阳 光 出 版 社　出版发行

出 版 人　薛文斌
地　　址　宁夏银川市北京东路139号出版大厦（750001）
网　　址　http://www.ygchbs.com
网上书店　http://shop129132959.taobao.com
电子信箱　yangguangchubanshe@163.com
邮购电话　0951-5047283
经　　销　全国新华书店
印刷装订　宁夏银报智能印刷科技有限公司
印刷委托书号　（宁）0023140

开　　本　889 mm×1194 mm　1/12
印　　张　18.67
字　　数　80千字
版　　次　2022年2月第1版
印　　次　2022年2月第1次印刷
书　　号　ISBN 978-7-5525-6242-2
定　　价　280.00元

前　言

青铜峡库区湿地自然保护区位于宁夏回族自治区中部，成立于 2002 年，属自治区级湿地自然保护区，保护区总面积为 147.93km²，是宁夏面积最大的黄河滩涂类型湿地自然保护区，也是西北地区第二大鸟类繁衍栖息地，被誉为"西北第二大鸟岛"。

保护区生态作用突出。青铜峡库区湿地因黄河而生，因黄河而美。贺兰山、黄河与牛首山互相依偎，交相辉映，与青铜古峡共同形成独特的自然景观。库区湿地在净化水质、涵养水源、滞洪泄洪、调节区域气候、固碳释氧、生物多样性保护等方面发挥着重要作用。

保护区生物多样性富集。这里"山水林田湖草沙"七大生态要素一应俱全，浅滩、绿树、草地、湖泊、沼泽、溪流有序分布，生物多样性特征十分明显。科考显示：保护区有鸟类 212 种，鱼类 42 种，爬行等其他动物 9 种，植物 240 多种。2012 年以来，库区鸟类数量由 178 种增加到 2021 年的 212 种，其中国家一级保护鸟类有 15 种之多。不仅鸟的种类增加，数量也不断增多，在候鸟迁徙季节，鸟类最多时当日数量可达数十万只，库区湿地已成为我国西部及全球东亚—澳大利亚地区鸟类迁徙的主要驿站之一。

保护区生态治理成效显著。通过开展"绿盾""绿卫""退耕还湿"工作和黄河流域生态保护高质量发展先行区建设，先后投入资金近亿元，成功解决了多年想解决而未能解决的历史遗留问题。保护区呈现宁静、和谐、美丽的湿地风光，已成为名副其实的鸟类天堂。

古峡黄河育湿地，鸟岛风光更宜人。从古至今，人类一直将鸟类作为朋友，鸟类展翅飞翔给予人们对美好生活的更多向往。走进自然，亲近鸟类也成为人与自然和谐的写照。书中，我们用生动美丽的图片，将保护区出现的各种鸟记录下来，并就鸟的习性等做了简单注解，给各位湿地鸟类爱好者一个近距离观赏学习的机会。傲立枝头的雄鹰，悠然恬静的天鹅，展翅飞翔的大雁，嬉戏觅食的野鸭等，一只只小鸟，一幅幅图片，展示着湿地良好的生态，记录着库区的变迁与发展。保护环境，爱护鸟类，人人有责，从你我做起，从现在做起，让库区湿地成为更多鸟类的美丽家园。

为充分展示库区生态文明建设成果，增强生态环境保护和治理成效，推进库区生态保护高质量发展，青铜峡库区湿地保护建设管理局编辑此书，以飨读者。

《青铜峡库区湿地自然保护区鸟类图谱》编委会

《青铜峡库区湿地自然保护区鸟类图谱》编委会

图谱说明

Ⅰ.地理范围

本书鸟类物种收录范围为宁夏回族自治区青铜峡库区湿地自然保护区全域。收录时间为 2012 年至 2021 年 5 月。本书是以各种原生态的鸟类图片为主要内容进行资料汇编，旨在真实、直观、形象的反映库区湿地自然保护区鸟类种群发展现状。书中文字部分则是依据大众认知心理：这鸟叫什么？长什么样？喜欢在哪里栖息？喜欢吃什么？受保护的程度等这样的思维逻辑进行简要汇编，起到科普宣传的作用。

Ⅱ.生态类群

游禽：常在水中游泳生活的鸟类，腿一般较短且着生位置偏后，具蹼。

涉禽：栖于水边涉水生活的鸟类，腿较长，不会或很少游泳。

陆禽：适于在地面步行的鸟类，腿健壮，包括鸡形目和鸽形目鸟类。

猛禽：主要捕食小动物或食腐的鸟类，嘴具钩，脚爪钩曲锐利，包括鹰形目、隼形目和鸮形目鸟类。

攀禽：多为树栖且善于攀树的鸟类，一般具有适应于攀援的足型，很多种类营巢于洞穴中。

鸣禽：擅长鸣叫、活动灵敏的鸟类，鸣管和鸣肌发达，生活习性多样，种类繁多。一般体型较小、善于营巢，包括雀形目鸟类。

Ⅲ.生僻字

鸱 chī　鸫 dōng　鸻 héng　鹮 huán　鹡 jí　鹡 jī

鹪 jiāo　鵟 kuáng　椋 liáng

鹩 liáo　鸶 liè　鸰 líng　鹨 liù　鹛 méi　鹍 pì　鸲 qú

隼 sǔn　鹛 tī

鹈 tí　鹕 wú　鹐 xiá　鸮 xiāo　鹞 yào　鹬 yù　鸢 yuān
雉 zhì

Ⅳ. 重点保护级别

根据《中华人民共和国野生动物保护法》，本书中出现的国家重点保护野生动物保护级别分为国家一级保护动物、国家二级保护动物。

Ⅴ. 濒危等级（IUCN）

濒危等级按照世界自然保护联盟（International Union for Conservation of Nature，IUCN）濒危物种红色名录中的物种濒危等级（按照受胁状况由高到低排列）：

CR　极危　Critically Endangered

EN　濒危　Endangered

VU　易危　Vulnerable

NT　近危　Near Threatened

Ⅵ. 居留类型

留鸟：终年居留在出生地（繁殖地），不进行远距离迁徙的鸟类。

夏候鸟：夏季在某一地方繁殖，秋季离开该地到低纬度地区越冬，第二年春季再返回该地繁殖的鸟类。

冬候鸟：冬季在某一地区越冬，第二年春季离开该地迁徙至繁殖地，秋季又迁回该地的鸟类。

旅鸟：既不在该地进行繁殖又不在该地越冬，仅在迁徙时经过该地的鸟类。

Ⅶ. 居留状态

常见鸟、易见鸟、难见鸟、罕见鸟。

CONTENTS 目 录

石 鸡

Chukar Partridge
Alectoris chukar

鸡形目＞雉科

居留习性：栖息于低山丘陵地带的岩
石坡和沙石坡上。

居留食性：以草本植物和灌木的嫩叶、
浆果、种子、苔藓、地衣
和昆虫为食，也常到附近
农地取食谷物。

居留类群：☐ 游　禽　　☐ 涉　禽
　　　　　■ 陆　禽　　☐ 猛　禽
　　　　　☐ 攀　禽　　☐ 鸣　禽

居留类型：■ 留　鸟　　☐ 夏候鸟
　　　　　☐ 冬候鸟　　☐ 旅　鸟

居留状态：■ 常见鸟　　☐ 易见鸟
　　　　　☐ 难见鸟　　☐ 罕见鸟

斑翅山鹑 Daurian Partridge
Perdix dauurica　　　鸡形目＞雉科

居留习性：栖息于平原、森林、草原、灌丛草地、低山丘陵和农田荒地等各类生态中。

居留食性：以植物性食物为食，也吃蝗虫、蚱蜢等昆虫和小型无脊椎动物。

居留类群：☐ 游　禽　　☐ 涉　禽　　■ 陆　禽　　☐ 猛　禽　　☐ 攀　禽　　☐ 鸣　禽

居留类型：■ 留　鸟　　☐ 夏候鸟　　☐ 冬候鸟　　☐ 旅　鸟

居留状态：☐ 常见鸟　　■ 易见鸟　　☐ 难见鸟　　☐ 罕见鸟

雉 鸡 Common Pheasant
Phasianus colchicus　　鸡形目＞雉科

居留习性：栖息于低山丘陵、农田、沼泽、草地，以及林缘灌丛和公路两边的灌丛中。

居留食性：喜食谷类、浆果、种子和昆虫。

居留类群：□游　禽　　□涉　禽　　■陆　禽　　□猛　禽　　□攀　禽　　□鸣　禽

居留类型：■留　鸟　　□夏候鸟　　□冬候鸟　　□旅　鸟

居留状态：■常见鸟　　□易见鸟　　□难见鸟　　□罕见鸟

鸿 雁 Swan Goose
Anser cygnoides　　雁形目＞鸭科

居留习性：栖息于开阔平原和草地上的湖泊、水塘、河流、沼泽及其附近地区。

居留食性：以各种草本植物的叶、芽，包括陆生植物和芦苇，藻类等植物性食物为食，也吃少量甲壳
类和软体动物等动物性食物。

居留类群：■ 游 禽　　□ 涉 禽　　□ 陆 禽　　□ 猛 禽　　□ 攀 禽　　□ 鸣 禽

IUCN：　　□ CR 极危　　□ EN 濒危　　■ VU 易危　　□ NT 近危

居留类型：□ 留 鸟　　□ 夏候鸟　　□ 冬候鸟　　■ 旅 鸟

居留状态：□ 常见鸟　　□ 易见鸟　　■ 难见鸟　　□ 罕见鸟

重点保护级别：国家二级保护

豆 雁 Bean Goose
Anser fabalis　　雁形目＞鸭科

居留习性：栖息于开阔的北极苔原地带或苔原灌丛地带，有的还栖息于很少植物生长的岩石苔原
　　　　　地带。

居留食性：主要以植物性食物为食。繁殖季节主要以苔藓、地衣、植物嫩叶，包括芦苇和一些小灌木，
　　　　　也吃植物果实与种子以及少量动物性食物。

居留类群：■ 游 禽　　□ 涉 禽　　□ 陆 禽　　□ 猛 禽　　□ 攀 禽　　□ 鸣 禽

居留类型：□ 留 鸟　　□ 夏候鸟　　□ 冬候鸟　　■ 旅 鸟

居留状态：□ 常见鸟　　■ 易见鸟　　□ 难见鸟　　□ 罕见鸟

灰　雁　Graylag Goose
Anser anser　　　雁形目＞鸭科

居留习性：栖息在不同生态的淡水水域中。

居留食性：吃各种水生和陆生植物的叶、根、茎、嫩芽、果实和种子等植物性食物，有时也会吃螺、虾、昆虫等动物。迁徙期间和冬季，还吃散落的农作物种子和幼苗。

居留类群：■ 游　禽　　□ 涉　禽　　□ 陆　禽　　□ 猛　禽　　□ 攀　禽　　□ 鸣　禽

居留类型：□ 留　鸟　　□ 夏候鸟　　□ 冬候鸟　　■ 旅　鸟

居留状态：□ 常见鸟　　■ 易见鸟　　□ 难见鸟　　□ 罕见鸟

白额雁 Greater White-fronted Goose
Anser albifrons

雁形目＞鸭科

居留习性： 繁殖季节栖息于北极苔原带富有矮小植物和灌丛的湖泊、水塘、河流、沼泽及其附近苔原等各类生态中。冬季栖息在开阔的湖泊、水库、河湾、海岸及其附近开阔的平原、草地、沼泽和农田等。

居留食性： 以植物性食物为食。

居留类群： ■ 游　禽　　□ 涉　禽　　□ 陆　禽　　□ 猛　禽　　□ 攀　禽　　□ 鸣　禽

居留类型： □ 留　鸟　　□ 夏候鸟　　□ 冬候鸟　　■ 旅　鸟

居留状态： □ 常见鸟　　□ 易见鸟　　□ 难见鸟　　■ 罕见鸟

重点保护级别： 国家二级保护

斑头雁 Bar-headed Goose
Anser indicus　　　　雁形目＞鸭科

居留习性：生活在高原湿地湖泊，亦见于耕地。

居留食性：以禾本科和莎草科植物的叶、茎、青草和豆科植物种子等植物性食物为食，也吃贝类、软体动物和其他小型无脊椎动物。

居留类群：■ 游 禽　　□ 涉 禽　　□ 陆 禽　　□ 猛 禽　　□ 攀 禽　　□ 鸣 禽

居留类型：□ 留 鸟　　■ 夏候鸟　　□ 冬候鸟　　□ 旅 鸟

居留状态：□ 常见鸟　　□ 易见鸟　　□ 难见鸟　　■ 罕见鸟

小天鹅 Tundra Swan
Cygnus columbianus　　雁形目＞鸭科

居留习性：生活在多芦苇的湖泊、水库和池塘中。

居留食性：以水生植物的根茎和种子等为食，也兼食少量水生昆虫、蠕虫、螺类和小鱼。

居留类群：■ 游 禽　　□ 涉 禽　　□ 陆 禽　　□ 猛 禽　　□ 攀 禽　　□ 鸣 禽

IUCN：　　□ CR 极危　　□ EN 濒危　　□ VU 易危　　■ NT 近危

居留类型：□ 留 鸟　　□ 夏候鸟　　□ 冬候鸟　　■ 旅 鸟

居留状态：□ 常见鸟　　■ 易见鸟　　□ 难见鸟　　□ 罕见鸟

重点保护级别：国家二级保护

大天鹅

Whooper Swan
Cygnus cygnus

雁形目＞鸭科

居留习性：栖息于开阔的、水生植物繁茂的浅水水域。

居留食性：以水生植物的根、叶、茎、种子为食，也吃少量动物，如软体动物、水生昆虫。

居留类群：■ 游 禽　　□ 涉 禽
　　　　　□ 陆 禽　　□ 猛 禽
　　　　　□ 攀 禽　　□ 鸣 禽

IUCN：　□ CR 极危　□ EN 濒危
　　　　□ VU 易危　■ NT 近危

居留类型：□ 留 鸟　　□ 夏候鸟
　　　　　□ 冬候鸟　　■ 旅 鸟

居留状态：□ 常见鸟　　■ 易见鸟
　　　　　□ 难见鸟　　□ 罕见鸟

重点保护级别：国家二级保护

翘鼻麻鸭 Common Shelduck
Tadorna tadorna　　雁形目＞鸭科

居留习性：栖息于开阔的盐碱平原草地、碱水和淡水湖泊、海岸、岛屿及其附近沼泽地带。迁徙和越冬期间也栖息于浅水海湾、淡水湖泊、水库、河口、盐田和海边滩地。

居留食性：以水生昆虫及昆虫幼虫、藻类、软体动物、蜗牛、牡蛎、海螺蛳、沙蚕、水蛭、蜥蜴、蝗虫、甲壳类、陆栖昆虫、小鱼和鱼卵等为食，也吃植物叶片、嫩芽和种子等食物。

居留类群：■ 游 禽　　□ 涉 禽　　□ 陆 禽　　□ 猛 禽　　□ 攀 禽　　□ 鸣 禽

居留类型：□ 留 鸟　　■ 夏候鸟　　□ 冬候鸟　　□ 旅 鸟

居留状态：■ 常见鸟　　□ 易见鸟　　□ 难见鸟　　□ 罕见鸟

赤麻鸭 Ruddy Shelduck
Tadorna ferruginea

雁形目＞鸭科

居留习性：栖息于开阔草原、湖泊、农田等环境中，多见于内地湖泊及河流。

居留食性：以水生植物叶、芽、种子，农作物幼苗，谷物等植物性食物为食。

居留类群：■ 游 禽　□ 涉 禽　□ 陆 禽　□ 猛 禽　□ 攀 禽　□ 鸣 禽

居留类型：□ 留 鸟　■ 夏候鸟　□ 冬候鸟　□ 旅 鸟

居留状态：■ 常见鸟　□ 易见鸟　□ 难见鸟　□ 罕见鸟

鸳　鸯　Mandarin Duck
Aix galericulata　　雁形目＞鸭科

居留习性：生活在针叶和阔叶混交林及附近的溪流、沼泽、芦苇塘和湖泊等处，喜欢成群活动。

居留食性：杂食性动物，通常以植物性食物为主，兼食小鱼和蛙类，繁殖期以昆虫、鱼类等为主食。

居留类群：■ 游　禽　　□ 涉　禽　　□ 陆　禽　　□ 猛　禽　　■ 攀　禽　　□ 鸣　禽

IUCN：　　□ CR 极危　　□ EN 濒危　　□ VU 易危　　■ NT 近危

居留类型：□ 留　鸟　　■ 夏候鸟　　□ 冬候鸟　　□ 旅　鸟

居留状态：□ 常见鸟　　□ 易见鸟　　■ 难见鸟　　□ 罕见鸟

重点保护级别：国家二级保护

赤膀鸭 Gadwall
Mareca strepera　雁形目＞鸭科

居留习性：栖息和活动在江河、湖泊、水库、河湾、水塘、沼泽等内陆水域中，尤其喜欢在富有水生
　　　　　植物的开阔水域活动，偶尔也出现在海边沼泽地带。

居留食性：以水生植物为主。常在水边水草丛中觅食，也常到岸上或农田觅食青草、草籽、浆果和谷
　　　　　粒等。

居留类群：■ 游　禽　　□ 涉　禽　　□ 陆　禽　　□ 猛　禽　　□ 攀　禽　　□ 鸣　禽

居留类型：□ 留　鸟　　□ 夏候鸟　　□ 冬候鸟　　■ 旅　鸟

居留状态：□ 常见鸟　　■ 易见鸟　　□ 难见鸟　　□ 罕见鸟

罗纹鸭
Falcated Duck
Mareca falcata　　雁形目＞鸭科

居留习性：栖息于江河、湖泊、河湾、河口及沼泽地带。

居留食性：以水藻、水生植物嫩叶、种子、草籽、草叶等植物性食物为食，也到农田觅食稻谷和幼苗，
　　　　　偶尔也吃软体动物、甲壳类和水生昆虫等小型无脊椎动物。

居留类群：■ 游　禽　　□ 涉　禽　　□ 陆　禽　　□ 猛　禽　　□ 攀　禽　　□ 鸣　禽

居留类型：□ 留　鸟　　□ 夏候鸟　　□ 冬候鸟　　■ 旅　鸟

居留状态：□ 常见鸟　　■ 易见鸟　　□ 难见鸟　　□ 罕见鸟

赤颈鸭 Eurasian Wigeon
Mareca penelope   雁形目＞鸭科

居留习性：栖息于江河、湖泊、水塘、沼泽等各类水域中，尤其喜欢在富有水生植物的开阔水域活动。

居留食性：以植物性食物为食，也吃少量动物性食物。

居留类群：■ 游 禽　□ 涉 禽　□ 陆 禽　□ 猛 禽　□ 攀 禽　□ 鸣 禽

居留类型：□ 留 鸟　□ 夏候鸟　□ 冬候鸟　■ 旅 鸟

居留状态：□ 常见鸟　■ 易见鸟　□ 难见鸟　□ 罕见鸟

绿头鸭 Mallard
Anas platyrhynchos 　　雁形目＞鸭科

居留习性：栖息于水生植物丰富的湖泊、河流、池塘、沼泽等水域，冬季和迁徙期间也出现于开阔的湖泊、水库、江河、沙洲和海岸附近沼泽和草地。

居留食性：以野生植物的叶、芽、茎、水藻和种子等植物性食物为食，也吃软体动物、甲壳类、水生昆虫等动物性食物。

居留类群：■ 游 禽　　□ 涉 禽　　□ 陆 禽　　□ 猛 禽　　□ 攀 禽　　□ 鸣 禽

居留类型：□ 留 鸟　　■ 夏候鸟　　□ 冬候鸟　　□ 旅 鸟

居留状态：■ 常见鸟　　□ 易见鸟　　□ 难见鸟　　□ 罕见鸟

斑嘴鸭 Eastern Spot-billed Duck
Anas zonorhyncha

雁形目＞鸭科

居留习性：栖息在内陆各类大小湖泊、水库、江河、水塘、河口、沙洲和沼泽地带，迁徙期间和冬季也出现在沿海和农田地带。

居留食性：以植物性食物为食，也吃昆虫、软体动物等动物性食物。

居留类群：■ 游 禽　　□ 涉 禽　　□ 陆 禽　　□ 猛 禽　　□ 攀 禽　　□ 鸣 禽

居留类型：□ 留 鸟　　■ 夏候鸟　　□ 冬候鸟　　□ 旅 鸟

居留状态：■ 常见鸟　　□ 易见鸟　　□ 难见鸟　　□ 罕见鸟

针尾鸭 Northern Pintail
Anas acuta 雁形目＞鸭科

居留习性：越冬期栖息于各种类型的河流、湖泊、沼泽、盐碱湿地、水塘以及开阔的沿海地带和海湾等环境中，繁殖期栖息于内陆大型湖泊、流速缓慢的河流、河湾及其附近的沼泽和湿草地上。

居留食性：以植物性食物为主。

居留类群：■游　禽　□涉　禽　□陆　禽　□猛　禽　□攀　禽　□鸣　禽

居留类型：□留　鸟　□夏候鸟　□冬候鸟　■旅　鸟

居留状态：□常见鸟　■易见鸟　□难见鸟　□罕见鸟

绿翅鸭 Green-winged Teal
Anas crecca　　　雁形目＞鸭科

居留习性：繁殖期栖息在中小型湖泊和各种水塘中，非繁殖期喜欢栖息在开阔的大型湖泊、沼泽和沿海地带等。

居留食性：冬季以植物性食物为主；其他季节也吃螺类、甲壳类、软体动物、水生昆虫和其他小型无脊椎动物。

居留类群：■ 游　禽　　□ 涉　禽　　□ 陆　禽　　□ 猛　禽　　□ 攀　禽　　□ 鸣　禽

居留类型：□ 留　鸟　　□ 夏候鸟　　■ 冬候鸟　　□ 旅　鸟

居留状态：■ 常见鸟　　□ 易见鸟　　□ 难见鸟　　□ 罕见鸟

琵嘴鸭 Northern Shoveler
Spatula clypeata   雁形目＞鸭科

居留习性：栖息于开阔地区的河流、湖泊、水塘、沼泽等水域环境中，也出现于山区河流、高原湖泊、小水塘和沿海沼泽及河口地带，甚至在村镇附近的污水塘和水田中也有出现。

居留食性：以植物为主食，也吃无脊椎动物和甲壳动物。

居留类群：■ 游 禽　　□ 涉 禽　　□ 陆 禽　　□ 猛 禽　　□ 攀 禽　　□ 鸣 禽

居留类型：□ 留 鸟　　□ 夏候鸟　　□ 冬候鸟　　■ 旅 鸟

居留状态：□ 常见鸟　　■ 易见鸟　　□ 难见鸟　　□ 罕见鸟

白眉鸭 Garganey
Spatula querquedula　雁形目＞鸭科

居留习性：栖息于开阔的湖泊、江河、沼泽、河口、池塘、沙洲等水域中，也出现于山区水塘、河流和海滩上。

居留食性：以水生植物的叶、茎、种子为食，也到岸上觅食青草、到农田觅食谷物。春夏季节会吃软体动物、甲壳类和昆虫等动物性食物。

居留类群：■ 游 禽　□ 涉 禽　□ 陆 禽　□ 猛 禽　□ 攀 禽　□ 鸣 禽

居留类型：□ 留 鸟　□ 夏候鸟　□ 冬候鸟　■ 旅 鸟

居留状态：□ 常见鸟　■ 易见鸟　□ 难见鸟　□ 罕见鸟

赤嘴潜鸭 Red-crested Pochard
Netta rufina　　　　　雁形目＞鸭科

居留习性：栖息在淡水湖泊、江河等。

居留食性：食物为水藻、眼子菜以及其他水生植物的嫩芽、茎和种子，有时也到岸上觅食青草和其他
　　　　　一些禾本科植物的种子与草籽，冬季有时也到农田觅食散落的谷粒。

居留类群：■ 游 禽　　□ 涉 禽　　□ 陆 禽　　□ 猛 禽　　□ 攀 禽　　□ 鸣 禽

居留类型：□ 留 鸟　　■ 夏候鸟　　□ 冬候鸟　　□ 旅 鸟

居留状态：■ 常见鸟　　□ 易见鸟　　□ 难见鸟　　□ 罕见鸟

红头潜鸭 Common Pochard
Aythya ferina　　　　雁形目＞鸭科

居留习性：栖息于富有水生植物的开阔湖泊、水塘、河湾等各类水域，冬季也常出现在水流较缓的江河、河口和海湾。

居留食性：食物为水生植物叶、茎、根和种子，有时会到岸上觅食青草和草籽，春夏季也觅食软体动物、甲壳类、水生昆虫、小鱼和虾等动物性食物。

居留类群：■ 游 禽　　□ 涉 禽　　□ 陆 禽　　■ 猛 禽　　□ 攀 禽　　□ 鸣 禽

居留类型：□ 留 鸟　　□ 夏候鸟　　□ 冬候鸟　　■ 旅 鸟

居留状态：■ 常见鸟　　□ 易见鸟　　□ 难见鸟　　□ 罕见鸟

青头潜鸭 Baer's Pochard
Aythya baeri   雁形目＞鸭科

居留习性：繁殖期栖息在富有芦苇和蒲草等水生植物的小湖中，冬季多栖息在大的湖泊、江河、海湾、河口、水塘和沿海沼泽地带。

居留食性：以各种水草的根、叶、茎和种子等为食，也吃软体动物、水生昆虫、甲壳类、蛙等动物性食物。

居留类群：■ 游 禽　□ 涉 禽　□ 陆 禽　□ 猛 禽　□ 攀 禽　□ 鸣 禽

IUCN：■ CR 极危　□ EN 濒危　□ VU 易危　□ NT 近危

居留类型：□ 留 鸟　□ 夏候鸟　□ 冬候鸟　■ 旅 鸟

居留状态：□ 常见鸟　□ 易见鸟　□ 难见鸟　■ 罕见鸟

重点保护级别：国家一级保护

白眼潜鸭

Ferruginous Duck
Aythya nyroca

雁形目＞鸭科

- -

居留习性： 繁殖期间主要栖息于富有水生植物的开阔淡水湖泊、池塘和沼泽地带，冬季主要栖息于大的湖泊、水流缓慢的江河、海湾和河口三角洲。

居留食性： 杂食性动物，以植物性食物为主，也食甲壳类、软体动物、水生昆虫及其幼虫、蠕虫以及蛙和小鱼等。

居留类群： ■ 游 禽　□ 涉 禽
　　　　　　□ 陆 禽　□ 猛 禽
　　　　　　□ 攀 禽　□ 鸣 禽

IUCN： □ CR 极危　□ EN 濒危
　　　　□ VU 易危　■ NT 近危

居留类型： □ 留 鸟　□ 夏候鸟
　　　　　　□ 冬候鸟　■ 旅 鸟

居留状态： ■ 常见鸟　□ 易见鸟
　　　　　　□ 难见鸟　□ 罕见鸟

凤头潜鸭 Tufted Duck
Aythya fuligula   雁形目＞鸭科

居留习性： 栖息于湖泊、河流、水库、池塘、沼泽、河口等开阔水面，繁殖季节多选择在富有岸边植物的开阔湖泊与河流。

居留食性： 食物为虾、蟹、蛤、水生昆虫、小鱼、蝌蚪等动物性食物，也吃少量水生植物。

居留类群： ■ 游　禽　　□ 涉　禽　　□ 陆　禽　　□ 猛　禽　　□ 攀　禽　　□ 鸣　禽

居留类型： □ 留　鸟　　□ 夏候鸟　　□ 冬候鸟　　■ 旅　鸟

居留状态： □ 常见鸟　　■ 易见鸟　　□ 难见鸟　　□ 罕见鸟

鹊　鸭

Common Goldeneye
Bucephala clangula　　雁形目＞鸭科

居留习性：繁殖期栖息于平原森林地带中的溪流、水塘和水渠中，非繁殖季节栖息于流速缓慢的江河、湖泊、水库、河口、海湾和沿海水域。

居留食性：食物为昆虫及其幼虫、蠕虫、甲壳类、软体动物、小鱼、蛙以及蝌蚪等水生动物。

居留类群：■ 游　禽　　□ 涉　禽　　□ 陆　禽　　□ 猛　禽　　■ 攀　禽　　□ 鸣　禽

居留类型：□ 留　鸟　　□ 夏候鸟　　□ 冬候鸟　　■ 旅　鸟

居留状态：□ 常见鸟　　■ 易见鸟　　□ 难见鸟　　□ 罕见鸟

斑头秋沙鸭

Smew
Mergellus albellus

雁形目＞鸭科

- -

居留习性：在湖泊、河流、池塘、湿地
活动。

居留食性：觅取甲壳类，水生半翅目、
鞘翅目昆虫，小鱼，蛙等
食物。

居留类群：■ 游　禽　　□ 涉　禽
　　　　　□ 陆　禽　　□ 猛　禽
　　　　　□ 攀　禽　　□ 鸣　禽

居留类型：□ 留　鸟　　□ 夏候鸟
　　　　　□ 冬候鸟　　■ 旅　鸟

居留状态：□ 常见鸟　　□ 易见鸟
　　　　　■ 难见鸟　　□ 罕见鸟

重点保护级别：国家二级保护

普通秋沙鸭 Common Merganser
Mergus merganser　　雁形目＞鸭科

- -

居留习性：常成小群体，休息时多游荡在岸边或栖息于水边沙滩。

居留食性：以鱼、虾、水生昆虫等动物性食物为主，亦采食少量的水生植物。

居留类群：■ 游 禽　□ 涉 禽　□ 陆 禽　□ 猛 禽　□ 攀 禽　□ 鸣 禽

居留类型：□ 留 鸟　□ 夏候鸟　□ 冬候鸟　■ 旅 鸟

居留状态：□ 常见鸟　■ 易见鸟　□ 难见鸟　□ 罕见鸟

小䴙䴘 Little Grebe
Tachybaptus ruficollis   䴙䴘目＞䴙䴘科

居留习性：喜在清水及有丰富水生生物的湖泊、沼泽及涨过水的稻田生活。

居留食性：以各种小型鱼类为食，也吃虾、蜻蜓幼虫、蝌蚪、甲壳类、软体动物和蛙等小型水生无脊椎动物和脊椎动物，偶尔也吃水草等少量水生植物。

居留类群：■ 游 禽   □ 涉 禽   □ 陆 禽   □ 猛 禽   □ 攀 禽   □ 鸣 禽

居留类型：□ 留 鸟   ■ 夏候鸟   □ 冬候鸟   □ 旅 鸟

居留状态：■ 常见鸟   □ 易见鸟   □ 难见鸟   □ 罕见鸟

凤头䴙䴘 Great Crested Grebe
Podiceps cristatus   䴙䴘目＞䴙䴘科

居留习性：成对或集成小群体活动在既是开阔水面又长有芦苇水草的湖泊中。

居留食性：以鱼为主食。

居留类群：■ 游 禽   □ 涉 禽   □ 陆 禽   □ 猛 禽   □ 攀 禽   □ 鸣 禽

居留类型：□ 留 鸟   ■ 夏候鸟   □ 冬候鸟   □ 旅 鸟

居留状态：■ 常见鸟   □ 易见鸟   □ 难见鸟   □ 罕见鸟

黑颈䴙䴘 Black-necked Grebe
Podiceps nigricollis   䴙䴘目＞䴙䴘科

居留习性：繁殖期栖息于内陆淡水湖泊、水塘、河流及沼泽地带，特别是在岸边植物茂盛的大小湖泊和水塘中较常见。非繁殖期栖息在沿海海面、河口及其
　　　　　附近的湖泊、池塘和沼泽地带，也出现于内陆湖泊、江河、水塘及其他沼泽地带。

居留食性：食物主要为昆虫及其幼虫、各种小鱼、蛙、蝌蚪、蠕虫以及甲壳类和软体动物，偶尔也吃少量水生植物。

居留类群：■ 游　禽　　□ 涉　禽　　□ 陆　禽　　□ 猛　禽　　□ 攀　禽　　□ 鸣　禽

居留类型：□ 留　鸟　　■ 夏候鸟　　□ 冬候鸟　　□ 旅　鸟

居留状态：□ 常见鸟　　□ 易见鸟　　■ 难见鸟　　□ 罕见鸟

重点保护级别：国家二级保护

岩　鸽

Hill Pigeon
Columba rupestris　鸽形目＞鸠鸽科

居留习性：栖息于山地岩石和悬岩峭壁处，最高可达海拔 5000 米以上的高山和高原地区。

居留食性：以植物种子、果实、球茎、块根等植物性食物为食，也吃麦粒、青稞、谷粒、玉米、稻谷、豌豆等农作物种子。

居留类群：□ 游　禽　　□ 涉　禽　　■ 陆　禽　　□ 猛　禽　　□ 攀　禽　　□ 鸣　禽

居留类型：■ 留　鸟　　□ 夏候鸟　　□ 冬候鸟　　□ 旅　鸟

居留状态：□ 常见鸟　　■ 易见鸟　　□ 难见鸟　　□ 罕见鸟

山斑鸠

Oriental Turtle Dove
Streptopelia orientalis　　鸽形目＞鸠鸽科

居留习性：成对或单独活动，多在开阔农耕区、村庄及房前屋后、寺院周围，或小沟渠附近，取食于地面。

居留食性：多为带颗谷类，如高粱、粟谷、秫秫谷，也食用一些樟树籽核、初生螺蛳等。

居留类群：☐ 游　禽　　☐ 涉　禽　　■ 陆　禽　　☐ 猛　禽　　☐ 攀　禽　　☐ 鸣　禽

居留类型：■ 留　鸟　　☐ 夏候鸟　　☐ 冬候鸟　　☐ 旅　鸟

居留状态：■ 常见鸟　　☐ 易见鸟　　☐ 难见鸟　　☐ 罕见鸟

灰斑鸠

Eurasian Collared Dove
Streptopelia decaocto

鸽形目＞鸠鸽科

- -

居留习性：栖息于平原、山麓和低山
丘陵地带的树林中，亦常
出现于农田、果园、灌丛、
城镇和村屯附近。

居留食性：以各种植物果实与种子为
食，也吃草籽、农作物谷
粒和昆虫。

居留类群： ☐ 游　禽　　　☐ 涉　禽
　　　　　　 ■ 陆　禽　　　☐ 猛　禽
　　　　　　 ☐ 攀　禽　　　☐ 鸣　禽

居留类型： ■ 留　鸟　　　☐ 夏候鸟
　　　　　　 ☐ 冬候鸟　　　☐ 旅　鸟

居留状态： ■ 常见鸟　　　☐ 易见鸟
　　　　　　 ☐ 难见鸟　　　☐ 罕见鸟

珠颈斑鸠 Spotted Dove
Streptopelia chinensis　　鸽形目＞鸠鸽科

居留习性：栖息于有稀疏树木生长的平原、草地、低山丘陵和农田地带，也常出现于村庄附近的杂木林、竹林及地边树上或住家附近。

居留食性：以植物种子为食，特别是农作物种子，如稻谷、玉米、小麦、豌豆、黄豆、油菜、芝麻、高粱、绿豆等；有时也吃蝇蛆、蜗牛、昆虫等动物性食物。

居留类群：□游　禽　　□涉　禽　　■陆　禽　　□猛　禽　　□攀　禽　　□鸣　禽

居留类型：■留　鸟　　□夏候鸟　　□冬候鸟　　□旅　鸟

居留状态：■常见鸟　　□易见鸟　　□难见鸟　　□罕见鸟

毛腿沙鸡 Pallas's Sandgrouse
Syrrhaptes paradoxus　　沙鸡目＞沙鸡科

居留习性： 栖息于平原草地、荒漠和半荒漠地区，也栖息于盐碱森林平原和沙石原野。

居留食性： 以各种野生植物种子、浆果、嫩芽、嫩枝、嫩叶等植物性食物为食。

居留类群： □ 游　禽　　□ 涉　禽　　■ 陆　禽　　□ 猛　禽　　□ 攀　禽　　□ 鸣　禽

居留类型： ■ 留　鸟　　□ 夏候鸟　　□ 冬候鸟　　□ 旅　鸟

居留状态： □ 常见鸟　　□ 易见鸟　　■ 难见鸟　　□ 罕见鸟

普通雨燕 Common Swift
Apus apus 夜鹰目＞雨燕科

居留习性：栖息于森林、平原、荒漠、海岸、城镇等各类环境中，多在高大的古建筑物，如宝塔、
庙宇、岩壁、城墙缝隙中栖居。

居留食性：以昆虫为食，特别是飞行类昆虫。

居留类群：☐ 游 禽　☐ 涉 禽　☐ 陆 禽　☐ 猛 禽　■ 攀 禽　☐ 鸣 禽

居留类型：☐ 留 鸟　■ 夏候鸟　☐ 冬候鸟　☐ 旅 鸟

居留状态：☐ 常见鸟　■ 易见鸟　☐ 难见鸟　☐ 罕见鸟

东方中杜鹃
Oriental Cuckoo
Cuculus optatus　　鹃形目＞杜鹃科

居留习性：隐于林冠。

居留食性：主要以昆虫为食。

居留类群：☐ 游 禽　☐ 涉 禽　☐ 陆 禽　☐ 猛 禽　■ 攀 禽　☐ 鸣 禽

居留类型：☐ 留 鸟　■ 夏候鸟　☐ 冬候鸟　☐ 旅 鸟

居留状态：☐ 常见鸟　☐ 易见鸟　■ 难见鸟　☐ 罕见鸟

大杜鹃

Common Cuckoo
Cuculus canorus

鹃形目＞杜鹃科

居留习性：栖息于开阔林地，特别在近水的地方。

居留食性：取食鳞翅目幼虫、甲虫、蜘蛛、螺类等。

居留类群：□ 游　禽　　□ 涉　禽
　　　　　□ 陆　禽　　□ 猛　禽
　　　　　■ 攀　禽　　□ 鸣　禽

居留类型：□ 留　鸟　　■ 夏候鸟
　　　　　□ 冬候鸟　　□ 旅　鸟

居留状态：□ 常见鸟　　■ 易见鸟
　　　　　□ 难见鸟　　□ 罕见鸟

大　鸨

Great Bustard
Otis tarda

鸨形目＞鸨科

居留习性：栖息于开阔的平原、干旱草原、稀树草原和半荒漠地区，也出现于河流、湖泊沿岸和邻近的干湿草地，特别是在冬季和迁徙季节。

居留食性：杂食性，主要吃植物的嫩叶、嫩草、种子以及昆虫、蛙等动物性食物，特别是象鼻虫、油菜金花虫、蝗虫等农田害虫，有时也在农田中取食散落在地的谷粒等。

居留类群：　☐ 游　禽　　　☐ 涉　禽
　　　　　　■ 陆　禽　　　☐ 猛　禽
　　　　　　☐ 攀　禽　　　☐ 鸣　禽

IUCN：　　☐ CR 极危　　■ EN 濒危
　　　　　　☐ VU 易危　　☐ NT 近危

居留类型：　☐ 留　鸟　　　■ 夏候鸟
　　　　　　☐ 冬候鸟　　　☐ 旅　鸟

居留状态：　☐ 常见鸟　　　■ 易见鸟
　　　　　　☐ 难见鸟　　　☐ 罕见鸟

重点保护级别：国家一级保护

黑水鸡

Common Moorhen
Gallinula chloropus

鹤形目＞秧鸡科

居留习性：栖息于富有芦苇和挺水植物的淡水湿地、沼泽、湖泊、水库、苇塘、水渠和水稻田中，也出现于林缘和路边水渠与疏林中的湖泊沼泽地带。

居留食性：吃水生植物嫩叶、幼芽、根茎以及水生昆虫、蠕虫、蜘蛛、软体动物、蜗牛和昆虫幼虫等食物，其中以动物性食物为主。

居留类群：□ 游　禽　　■ 涉　禽
　　　　　□ 陆　禽　　□ 猛　禽
　　　　　□ 攀　禽　　□ 鸣　禽

居留类型：□ 留　鸟　　■ 夏候鸟
　　　　　□ 冬候鸟　　□ 旅　鸟

居留状态：■ 常见鸟　　□ 易见鸟
　　　　　□ 难见鸟　　□ 罕见鸟

白骨顶 Common Coot
Fulica atra 鹤形目＞秧鸡科

居留习性：栖息于有水生植物的大面积静水或近海的水域。

居留食性：杂食性，但主要以植物为食，其中以水生植物的嫩芽、叶、根、茎为主，也吃昆虫、蠕虫、软体动物等。

居留类群：☐ 游 禽　■ 涉 禽　☐ 陆 禽　☐ 猛 禽　☐ 攀 禽　☐ 鸣 禽

居留类型：☐ 留 鸟　■ 夏候鸟　☐ 冬候鸟　☐ 旅 鸟

居留状态：■ 常见鸟　☐ 易见鸟　☐ 难见鸟　☐ 罕见鸟

蓑羽鹤

Demoiselle Crane
Grus virgo

鹤形目＞鹤科

居留习性：栖息于开阔平原草地、草甸沼泽、芦苇沼泽、苇塘、湖泊、河谷、半荒漠和高原湖泊草甸等各类生态中，有时也到农田活动，特别是秋冬季节。

居留食性：以水生植物和昆虫为食，也兼食鱼、蝌蚪、虾等。

居留类群：□游　禽　　■涉　禽
　　　　　□陆　禽　　□猛　禽
　　　　　■攀　禽　　□鸣　禽

居留类型：□留　鸟　　□夏候鸟
　　　　　□冬候鸟　　■旅　鸟

居留状态：□常见鸟　　□易见鸟
　　　　　■难见鸟　　□罕见鸟

重点保护级别：国家二级保护

灰　鹤　Common Crane
Grus grus
鹤形目＞鹤科

居留习性：栖息于开阔平原、草地、沼泽、河滩、旷野、湖泊以及农田地带，尤其是富有水边植物的开阔湖泊和沼泽地带。

居留食性：以植物的叶、茎、嫩芽、块茎，草籽，玉米，谷粒，马铃薯，白菜，软体动物，昆虫，蛙，蜥蜴，以及鱼类等食物为食。

居留类群：□ 游 禽　■ 涉 禽　□ 陆 禽　□ 猛 禽　□ 攀 禽　□ 鸣 禽

IUCN：　□ CR 极危　□ EN 濒危　□ VU 易危　■ NT 近危

居留类型：□ 留 鸟　□ 夏候鸟　□ 冬候鸟　■ 旅 鸟

居留状态：□ 常见鸟　■ 易见鸟　□ 难见鸟　□ 罕见鸟

重点保护级别：国家二级保护

白头鹤

Hooded Crane
Grus monacha

鹤形目＞鹤科

居留习性：栖息于河流、湖泊的岸边泥滩、沼泽和芦苇沼泽及湿草地中，也出现于泰加林的林缘和林中的开阔沼泽地上。

居留食性：以甲壳类、小鱼、软体动物、多足类以及直翅目、鳞翅目、蜻蜓目等昆虫和幼虫为食，也吃苔草、眼子菜等植物嫩叶、块根，小麦，稻谷等植物性食物和农作物。

居留类群：□ 游　禽　　■ 涉　禽
　　　　　□ 陆　禽　　□ 猛　禽
　　　　　□ 攀　禽　　□ 鸣　禽

IUCN：　　□ CR 极危　　■ EN 濒危
　　　　　□ VU 易危　　□ NT 近危

居留类型：□ 留　鸟　　□ 夏候鸟
　　　　　□ 冬候鸟　　■ 旅　鸟

居留状态：□ 常见鸟　　□ 易见鸟
　　　　　□ 难见鸟　　■ 罕见鸟

重点保护级别：国家一级保护

鹮嘴鹬 Ibisbill
Ibidorhyncha struthersii　鸻形目＞鹮嘴鹬科

居留习性：栖息于山地、高原和丘陵地区的溪流和多砾石的河流沿岸。

居留食性：食蠕虫、蜈蚣以及蜉蝣目、毛翅目、等翅目、半翅目、鞘翅目、膜翅目等昆虫和昆虫幼虫，也吃小鱼、虾、软体动物。

居留类群：☐ 游　禽　■ 涉　禽　☐ 陆　禽　☐ 猛　禽　☐ 攀　禽　☐ 鸣　禽

IUCN：　☐ CR 极危　☐ EN 濒危　☐ VU 易危　■ NT 近危

居留类型：☐ 留　鸟　■ 夏候鸟　☐ 冬候鸟　☐ 旅　鸟

居留状态：☐ 常见鸟　☐ 易见鸟　■ 难见鸟　☐ 罕见鸟

重点保护级别：国家二级保护

黑翅长脚鹬 Black-winged Stilt
Himantopus himantopus　　　鸻形目＞反嘴鹬科

居留习性：栖息于开阔平原草地中的湖泊、浅水塘和沼泽地带。非繁殖期也出现于河流浅滩、水稻田、鱼塘和海岸附近的淡水、盐水水塘或沼泽地带。

居留食性：以软体动物、虾、甲壳类、环节动物、昆虫及昆虫幼虫，以及小鱼和蝌蚪等动物性食物为食。

居留类群：☐ 游 禽　　■ 涉 禽　　☐ 陆 禽　　☐ 猛 禽　　☐ 攀 禽　　☐ 鸣 禽

居留类型：☐ 留 鸟　　■ 夏候鸟　　☐ 冬候鸟　　☐ 旅 鸟

居留状态：■ 常见鸟　　☐ 易见鸟　　☐ 难见鸟　　☐ 罕见鸟

反嘴鹬 Pied Avocet
Recurvirostra avosetta 鸻形目>反嘴鹬科

居留习性：栖息于平原和半荒漠地区的湖泊、水塘和沼泽地带，有时也栖息于海边水塘和盐碱沼泽地。迁徙期间亦常出现于水稻田和鱼塘。冬季多栖息于海岸及河口地带。

居留食性：以小型甲壳类、水生昆虫及昆虫幼虫、蠕虫和软体动物等小型无脊椎动物为食。

居留类群：□ 游 禽　■ 涉 禽　□ 陆 禽　□ 猛 禽　□ 攀 禽　□ 鸣 禽

居留类型：□ 留 鸟　■ 夏候鸟　□ 冬候鸟　□ 旅 鸟

居留状态：■ 常见鸟　□ 易见鸟　□ 难见鸟　□ 罕见鸟

凤头麦鸡 Northern Lapwing
Vanellus vanellus   鸻形目 > 鸻科

居留习性：栖息于低山丘陵、山脚平原和草原地带的湖泊、水塘、沼泽、溪流和农田地带。

居留食性：主要吃甲虫，鞘翅目、鳞翅目昆虫，金花虫，天牛幼虫，蚂蚁，石蛾，蝼蛄等昆虫和幼虫，
也吃虾、蜗牛、螺、蚯蚓等小型无脊椎动物，此外还吃大量杂草种子和植物嫩叶。

居留类群：□游　禽　■涉　禽　□陆　禽　□猛　禽　□攀　禽　□鸣　禽

居留类型：□留　鸟　□夏候鸟　□冬候鸟　■旅　鸟

居留状态：■常见鸟　□易见鸟　□难见鸟　□罕见鸟

灰头麦鸡 Grey-headed Lapwing
Vanellus cinereus

鸻形目＞鸻科

居留习性：栖息于平原草地、沼泽、湖畔、河边、水塘以及农田地带，有时也出现在低山丘陵地区溪流两岸的水稻和湿地上。

居留食性：主要啄食甲虫，蝗虫，蚱蜢，鞘翅目和直翅目昆虫，也吃水蛭、螺、蚯蚓、软体动物和植物叶及种子。

居留类群：☐ 游 禽　■ 涉 禽　☐ 陆 禽　☐ 猛 禽　☐ 攀 禽　☐ 鸣 禽

居留类型：☐ 留 鸟　☐ 夏候鸟　☐ 冬候鸟　■ 旅 鸟

居留状态：■ 常见鸟　☐ 易见鸟　☐ 难见鸟　☐ 罕见鸟

金 鸻

Pacific Golden Plover
Pluvialis fulva

鸻形目＞鸻科

居留习性：栖息于沿海海滨、湖泊、河流、水塘岸边及其附近沼泽、草地和耕地，喜结小群体活动于海岸线、河口、盐田、稻田、草地、湖滨、河滩等处。

居留食性：以甲虫，鞘翅目、直翅目和鳞翅目昆虫，蠕虫，小螺，软体动物和甲壳类等动物性食物为食。

居留类群：☐ 游 禽　■ 涉 禽　☐ 陆 禽　☐ 猛 禽　☐ 攀 禽　☐ 鸣 禽

居留类型：☐ 留 鸟　☐ 夏候鸟　☐ 冬候鸟　■ 旅 鸟

居留状态：☐ 常见鸟　■ 易见鸟　☐ 难见鸟　☐ 罕见鸟

金眶鸻 Little Ringed Plover
Charadrius dubius

鸻形目＞鸻科

居留习性：栖息于开阔平原和低山丘陵地带的湖泊、河流岸边以及附近的沼泽、草地和农田地带，也
出现于沿海海滨、河口沙洲以及附近盐田和沼泽地带。

居留食性：主要吃鳞翅目、鞘翅目昆虫及昆虫幼虫，蠕虫、蜘蛛、甲壳类、软体动物等小型水生无脊
椎动物。

居留类群：□ 游 禽　■ 涉 禽　□ 陆 禽　□ 猛 禽　□ 攀 禽　□ 鸣 禽

居留类型：□ 留 鸟　■ 夏候鸟　□ 冬候鸟　□ 旅 鸟

居留状态：■ 常见鸟　□ 易见鸟　□ 难见鸟　□ 罕见鸟

环颈鸻

Kentish Plover
Charadrius alexandrinus

鸻形目＞鸻科

居留习性：栖息于河岸沙滩、沼泽草地
上，在内陆的河岸沙滩、沼
泽草地、湖滨、盐碱滩和近
水的荒地中亦比较常见。

居留食性：以昆虫、蠕虫、小型甲壳类
和软体动物为食。

居留类群：□ 游　禽　　■ 涉　禽
　　　　　□ 陆　禽　　□ 猛　禽
　　　　　□ 攀　禽　　□ 鸣　禽

居留类型：□ 留　鸟　　■ 夏候鸟
　　　　　□ 冬候鸟　　□ 旅　鸟

居留状态：■ 常见鸟　　□ 易见鸟
　　　　　□ 难见鸟　　□ 罕见鸟

蒙古沙鸻

Lesser Sand Plover
Charadrius mongolus　　鸻形目＞鸻科

居留习性： 栖息于海边沙滩、河口三角洲、水田、盐田，繁殖季节见于内陆高原的河流、沼泽、湖泊附近的耕地、沙滩、戈壁和草原等。

居留食性： 主要取食昆虫、软体动物、蠕虫、蝼蛄、蚱蜢、螺等小型动物，也取食蠕虫、蚱蜢、蝼蛄、黑小蜂及鞘翅目昆虫。

居留类群： □游　禽　■涉　禽　□陆　禽　□猛　禽　□攀　禽　□鸣　禽

居留类型： □留　鸟　□夏候鸟　□冬候鸟　■旅　鸟

居留状态： □常见鸟　■易见鸟　□难见鸟　□罕见鸟

铁嘴沙鸻
Greater Sand Plover
Charadrius leschenaultii　　鸻形目＞鸻科

居留习性：栖息于海滨沙滩、河口、内陆河流、湖泊岸边以及附近沼泽和草地上。

居留食性：以昆虫及昆虫幼虫、小型甲壳类和软体动物为食。

居留类群：□ 游 禽　■ 涉 禽　□ 陆 禽　□ 猛 禽　□ 攀 禽　□ 鸣 禽

居留类型：□ 留 鸟　□ 夏候鸟　□ 冬候鸟　■ 旅 鸟

居留状态：□ 常见鸟　■ 易见鸟　□ 难见鸟　□ 罕见鸟

针尾沙锥 Pintail Snipe
Gallinago stenura   鸻形目＞鹬科

居留习性：栖息于沼泽、稻田、草地。

居留食性：以昆虫及昆虫幼虫、甲壳类和软体动物等小型无脊椎动物为食。

居留类群：☐ 游　禽　■ 涉　禽　☐ 陆　禽　☐ 猛　禽　☐ 攀　禽　☐ 鸣　禽

居留类型：☐ 留　鸟　☐ 夏候鸟　☐ 冬候鸟　■ 旅　鸟

居留状态：☐ 常见鸟　☐ 易见鸟　■ 难见鸟　☐ 罕见鸟

扇尾沙锥
Common Snipe
Gallinago gallinago   鸻形目＞鹬科

居留习性： 栖息于冻原和开阔平原上的淡水或盐水湖泊、河流、芦苇塘和沼泽地带。尤其喜欢富有植物和灌丛的开阔沼泽和湿地，也出现于林间沼泽。非繁殖期除河边、湖岸、水塘等水域环境外，也出现于水田、鱼塘、溪沟、水洼地、河口沙洲和林缘水塘等环境中。

居留食性： 以蚂蚁、金针虫、小甲虫、鞘翅目等昆虫及昆虫幼虫、蠕虫、蜘蛛、蚯蚓和软体动物为食，偶尔也吃小鱼和杂草种子。多在夜间和黄昏觅食。

居留类群： □ 游　禽　　■ 涉　禽　　□ 陆　禽　　□ 猛　禽　　□ 攀　禽　　□ 鸣　禽

居留类型： □ 留　鸟　　□ 夏候鸟　　□ 冬候鸟　　■ 旅　鸟

居留状态： □ 常见鸟　　□ 易见鸟　　■ 难见鸟　　□ 罕见鸟

黑尾塍鹬 Black-tailed Godwit
Limosa limosa　　　　鸻形目＞鹬科

居留习性：栖息于平原草地和森林平原地带的沼泽、湿地、湖边和附近的草地与低湿地上，繁殖期和冬季则主要栖息于沿海海滨、泥地平原、河口沙洲以及附近的农田和沼泽地带，有时也到内陆淡水和盐水湖泊湿地活动和觅食。

居留食性：以水生和陆生昆虫及昆虫幼虫、甲壳类和软体动物为食。

居留类群：☐ 游 禽　■ 涉 禽　☐ 陆 禽　☐ 猛 禽　☐ 攀 禽　☐ 鸣 禽

居留类型：☐ 留 鸟　☐ 夏候鸟　☐ 冬候鸟　■ 旅 鸟

居留状态：☐ 常见鸟　■ 易见鸟　☐ 难见鸟　☐ 罕见鸟

白腰杓鹬

Eurasian Curlew
Numenius arquata

鸻形目＞鹬科

居留习性： 栖息于森林和平原中的湖泊、河流岸边和附近的沼泽、草地以及农田地带，也出现于海滨、河口沙洲和沿海沼泽湿地，特别是冬季。

居留食性： 以甲壳类、软体动物、蠕虫、昆虫及昆虫幼虫为食，也啄食小鱼和蛙。

居留类群： ☐ 游　禽　　■ 涉　禽
　　　　　　 ☐ 陆　禽　　☐ 猛　禽
　　　　　　 ☐ 攀　禽　　☐ 鸣　禽

IUCN： ☐ CR 极危　　☐ EN 濒危
　　　　　 ☐ VU 易危　　■ NT 近危

居留类型： ☐ 留　鸟　　☐ 夏候鸟
　　　　　　 ☐ 冬候鸟　　■ 旅　鸟

居留状态： ☐ 常见鸟　　■ 易见鸟
　　　　　　 ☐ 难见鸟　　☐ 罕见鸟

重点保护级别： 国家二级保护

鹤 鹬

Spotted Redshank
Tringa erythropus

鸻形目＞鹬科

- -

居留习性: 栖息于北极冻原和冻原森
林带,单独或成分散的小
群体活动。

居留食性: 以甲壳类、软体、蠕形动物
以及水生昆虫为食物。

居留类群: ☐ 游 禽　■ 涉 禽
　　　　　☐ 陆 禽　☐ 猛 禽
　　　　　☐ 攀 禽　☐ 鸣 禽

居留类型: ☐ 留 鸟　☐ 夏候鸟
　　　　　☐ 冬候鸟　■ 旅 鸟

居留状态: ☐ 常见鸟　■ 易见鸟
　　　　　☐ 难见鸟　☐ 罕见鸟

红脚鹬 Common Redshank
Tringa totanus

鸻形目＞鹬科

居留习性：栖息于海滨、江河、泥滩、河岸边、沼泽地。

居留食性：以甲壳类、软体动物、昆虫等为食。

居留类群：□ 游 禽　■ 涉 禽　□ 陆 禽　□ 猛 禽　□ 攀 禽　□ 鸣 禽

居留类型：□ 留 鸟　■ 夏候鸟　□ 冬候鸟　□ 旅 鸟

居留状态：□ 常见鸟　■ 易见鸟　□ 难见鸟　□ 罕见鸟

青脚鹬

Common Greenshank
Tringa nebularia

鸻形目 > 鹬科

居留习性：栖息于沿海和内陆的沼泽地带及大河流的泥滩。

居留食性：以虾、蟹、小鱼、螺、水生昆虫和昆虫幼虫为食。

居留类群：□ 游 禽　■ 涉 禽　□ 陆 禽　□ 猛 禽　□ 攀 禽　□ 鸣 禽

居留类型：□ 留 鸟　□ 夏候鸟　□ 冬候鸟　■ 旅 鸟

居留状态：□ 常见鸟　■ 易见鸟　□ 难见鸟　□ 罕见鸟

白腰草鹬

Green Sandpiper
Tringa ochropus

鸻形目＞鹬科

- -

居留习性：繁殖季节栖息于山地或平原森林中的湖泊、河流、沼泽和水塘附近。非繁殖期栖息于沿海、河口、内陆湖泊、河流、水塘、农田与沼泽地带。

居留食性：主要啄食蠕虫、虾、蜘蛛、小蚌、田螺、昆虫及昆虫幼虫等小型无脊椎动物，偶尔也吃小鱼和稻谷。

居留类群：☐ 游　禽　　◼ 涉　禽
　　　　　☐ 陆　禽　　☐ 猛　禽
　　　　　☐ 攀　禽　　☐ 鸣　禽

居留类型：☐ 留　鸟　　◼ 夏候鸟
　　　　　☐ 冬候鸟　　☐ 旅　鸟

居留状态：☐ 常见鸟　　◼ 易见鸟
　　　　　☐ 难见鸟　　☐ 罕见鸟

林 鹬

Wood Sandpiper
Tringa glareola

鸻形目＞鹬科

居留习性：繁殖期栖息于林中或林缘
开阔沼泽、湖泊、水塘与
溪流岸边，也栖息和活动
于有稀疏矮树或灌丛的平
原水域和沼泽地带；非繁
殖期栖息于各种淡水和盐
水湖泊、水塘、水库、沼
泽和水田地带。

居留食性：以直翅目和鳞翅目昆虫及
昆虫幼虫、蠕虫、虾、蜘
蛛、软体动物和甲壳类等
小型无脊椎动物为食，偶
尔也吃少量植物种子。

居留类群：☐ 游 禽　　■ 涉 禽
　　　　　☐ 陆 禽　　☐ 猛 禽
　　　　　☐ 攀 禽　　☐ 鸣 禽

居留类型：☐ 留 鸟　　■ 夏候鸟
　　　　　☐ 冬候鸟　　☐ 旅 鸟

居留状态：☐ 常见鸟　　■ 易见鸟
　　　　　☐ 难见鸟　　☐ 罕见鸟

矶 鹬 Common Sandpiper
Actitis hypoleucos   鸻形目＞鹬科

居留习性：栖息于低山丘陵和山脚平原一带的江河沿岸、湖泊、水库、水塘岸边，也出现于海岸、河口和附近沼泽湿地。

居留食性：以鞘翅目、直翅目、夜蛾、蝼蛄、甲虫等昆虫为食，也吃螺、蠕虫等无脊椎动物和小鱼以及蝌蚪等小型脊椎动物。

居留类群：□ 游 禽　■ 涉 禽　□ 陆 禽　□ 猛 禽　□ 攀 禽　□ 鸣 禽

居留类型：□ 留 鸟　■ 夏候鸟　□ 冬候鸟　□ 旅 鸟

居留状态：□ 常见鸟　■ 易见鸟　□ 难见鸟　□ 罕见鸟

翻石鹬

Ruddy Turnstone
Arenaria interpres

鸻形目＞鹬科

居留习性：栖息于岩石海岸、海滨沙滩、泥地和潮涧地带，也出现于海边沼泽及河口沙洲。迁徙期间偶尔也出现于内陆湖泊、河流、沼泽以及附近之荒原和沙石地上。

居留食性：主要啄食甲壳类、软体动物、蜘蛛、蚯蚓、昆虫及昆虫幼虫，也吃部分禾本科植物种子和浆果。

居留类群：□ 游　禽　■ 涉　禽
　　　　　　□ 陆　禽　□ 猛　禽
　　　　　　□ 攀　禽　□ 鸣　禽

居留类型：□ 留　鸟　□ 夏候鸟
　　　　　　□ 冬候鸟　■ 旅　鸟

居留状态：□ 常见鸟　□ 易见鸟
　　　　　　■ 难见鸟　□ 罕见鸟

重点保护级别：国家二级保护

小滨鹬 Little Stint
Calidris minuta　　鸻形目＞鹬科

居留习性：群栖性，在开阔的海滨及沿海滩涂觅食，也光顾内陆湿地。

居留食性：以昆虫及昆虫幼虫、软体动物等小型无脊椎动物为食。

居留类群：□ 游 禽　■ 涉 禽　□ 陆 禽　□ 猛 禽　□ 攀 禽　□ 鸣 禽

居留类型：□ 留 鸟　□ 夏候鸟　□ 冬候鸟　■ 旅 鸟

居留状态：□ 常见鸟　□ 易见鸟　■ 难见鸟　□ 罕见鸟

青脚滨鹬 Temminck's Stint
Calidris temminckii
鸻形目＞鹬科

居留习性：喜沿海滩涂及沼泽地带，成小或大群。

居留食性：以昆虫及昆虫幼虫、蠕虫、甲壳类和环节动物为食。

居留类群：☐ 游 禽　■ 涉 禽　☐ 陆 禽　☐ 猛 禽　☐ 攀 禽　☐ 鸣 禽

居留类型：☐ 留 鸟　☐ 夏候鸟　☐ 冬候鸟　■ 旅 鸟

居留状态：☐ 常见鸟　■ 易见鸟　☐ 难见鸟　☐ 罕见鸟

长趾滨鹬 Long-toed Stint
Calidris subminuta　　鸻形目＞鹬科

居留习性：喜沿海滩涂、小池塘、稻田及其他的泥泞地带。

居留食性：以昆虫及昆虫幼虫、软体动物等小型无脊椎动物为食。

居留类群：□ 游　禽　■ 涉　禽　□ 陆　禽　□ 猛　禽　□ 攀　禽　□ 鸣　禽

居留类型：□ 留　鸟　□ 夏候鸟　□ 冬候鸟　■ 旅　鸟

居留状态：□ 常见鸟　■ 易见鸟　□ 难见鸟　□ 罕见鸟

尖尾滨鹬

Sharp-tailed Sandpiper
Calidris acuminata

鸻形目＞鹬科

居留习性： 繁殖期栖息于西伯利亚冻原平原地带，特别是有稀疏小柳树和苔原植物的湖泊、水塘、溪流岸边和附近的沼泽地带；非繁殖期栖息于海岸，河口以及附近的低草地和农田地带。

居留食性： 以蚊和其他昆虫幼虫为食，也吃小螺、甲壳类、软体动物等其他小型无脊椎动物，有时也吃植物种子。

居留类群： □游　禽　■涉　禽　□陆　禽　□猛　禽　□攀　禽　□鸣　禽

居留类型： □留　鸟　□夏候鸟　□冬候鸟　■旅　鸟

居留状态： □常见鸟　□易见鸟　■难见鸟　□罕见鸟

流苏鹬 Ruff
Calidris pugnax   鸻形目＞鹬科

居留习性：繁殖期栖息于冻原和平原草地上的湖泊与河流岸边，以及附近的沼泽和湿草地上，非繁殖期栖息于草地、稻田、耕地、河流、湖泊、河口、水
塘、沼泽以及海岸水塘岸边和附近沼泽与湿地上，很少到海边等地带活动。

居留食性：以甲虫、蟋蟀、蚯蚓、蠕虫等无脊椎动物为食，有时也吃少数植物种子。

居留类群：□ 游 禽　■ 涉 禽　□ 陆 禽　□ 猛 禽　□ 攀 禽　□ 鸣 禽

居留类型：□ 留 鸟　□ 夏候鸟　□ 冬候鸟　■ 旅 鸟

居留状态：□ 常见鸟　□ 易见鸟　■ 难见鸟　□ 罕见鸟

弯嘴滨鹬　Curlew Sandpiper
Calidris ferruginea　鸻形目＞鹬科

居留习性：喜欢在富有苔原植物和灌木的苔藓湿地，非繁殖期栖息于海岸、湖泊、河流、海湾、河口和附近沼泽地带。

居留食性：以甲壳类、软体动物、蠕虫和水生昆虫为食。

居留类群：□ 游　禽　■ 涉　禽　□ 陆　禽　□ 猛　禽　□ 攀　禽　□ 鸣　禽

居留类型：□ 留　鸟　□ 夏候鸟　□ 冬候鸟　■ 旅　鸟

居留状态：□ 常见鸟　□ 易见鸟　■ 难见鸟　□ 罕见鸟

普通燕鸻

Oriental Pratincole
Glareola maldivarum

鸻形目＞燕鸻科

- -

居留习性：栖息于开阔平原地区的湖
泊、河流、水塘、农田、
耕地和沼泽地带，也出现
于离水域不远的潮湿沙地
和草地上活动和觅食。

居留食性：主要食蚱蜢、蝗虫、螳螂等
昆虫，也吃蟹、甲壳类等其
他小型无脊椎动物。主要在
地面捕食，有时也在飞行中
捕食。

居留类群：☐ 游　禽　　■ 涉　禽
　　　　　☐ 陆　禽　　☐ 猛　禽
　　　　　☐ 攀　禽　　☐ 鸣　禽

居留类型：☐ 留　鸟　　☐ 夏候鸟
　　　　　☐ 冬候鸟　　■ 旅　鸟

居留状态：☐ 常见鸟　　■ 易见鸟
　　　　　☐ 难见鸟　　☐ 罕见鸟

棕头鸥 Brown-headed Gull
Chroicocephalus brunnicephalus   鸻形目＞鸥科

居留习性：常在湖泊、沼泽、草原湿地及环水的岛屿上栖息活动。

居留食性：主食鱼及水生软体动物。

居留类群：■ 游 禽　□ 涉 禽　□ 陆 禽　□ 猛 禽　□ 攀 禽　□ 鸣 禽

居留类型：□ 留 鸟　□ 夏候鸟　□ 冬候鸟　■ 旅 鸟

居留状态：□ 常见鸟　□ 易见鸟　■ 难见鸟　□ 罕见鸟

红嘴鸥
Black-headed Gull
Chroicocephalus ridibundus   鸻形目＞鸥科

居留习性：栖息于沿海、内陆河流、湖泊。

居留食性：以鱼虾、昆虫为食。

居留类群：■游　禽　□涉　禽　□陆　禽　□猛　禽　□攀　禽　□鸣　禽

居留类型：□留　鸟　□夏候鸟　□冬候鸟　■旅　鸟

居留状态：■常见鸟　□易见鸟　□难见鸟　□罕见鸟

遗 鸥　Relict Gull
Ichthyaetus relictus　鸻形目＞鸥科

居留习性：喜欢栖息于开阔平原和荒漠与半荒漠地带的咸水或淡水湖泊中。

居留食性：主要食物为水生昆虫和水生无脊椎动物等。

居留类群：■ 游　禽　　□ 涉　禽　　□ 陆　禽　　□ 猛　禽　　□ 攀　禽　　□ 鸣　禽

IUCN：　　□ CR 极危　　■ EN 濒危　　□ VU 易危　　□ NT 近危

居留类型：□ 留　鸟　　□ 夏候鸟　　□ 冬候鸟　　■ 旅　鸟

居留状态：□ 常见鸟　　□ 易见鸟　　□ 难见鸟　　■ 罕见鸟

重点保护级别：国家一级保护

渔 鸥 Pallas's Gull
Ichthyaetus ichthyaetus 鸻形目＞鸥科

居留习性：栖息于海岸、海岛、大的咸水湖，有时也到大的淡水湖和河流。

居留食性：以鱼为食，也吃鸟卵、雏鸟、蜥蜴、昆虫、甲壳类以及鱼和其他动物内脏等废弃物。

居留类群：■ 游 禽　□ 涉 禽　□ 陆 禽　□ 猛 禽　□ 攀 禽　□ 鸣 禽

居留类型：□ 留 鸟　□ 夏候鸟　□ 冬候鸟　■ 旅 鸟

居留状态：□ 常见鸟　□ 易见鸟　■ 难见鸟　□ 罕见鸟

普通海鸥

Mew Gull
Larus canus

鸻形目＞鸥科

居留习性: 繁殖期栖息于北极苔原、森林苔原、荒漠、草地等开阔地带的河流、湖泊、水塘和沼泽中，冬季栖息于海岸、河口和港湾，迁徙期间亦出现大的内陆河流与湖泊中。

居留食性: 除以鱼、虾、蟹、贝为食外，还爱拣食船上人们抛弃的残羹剩饭，故海鸥又有"海港清洁工"的绰号。

居留类群: ■ 游 禽　□ 涉 禽
　　　　　□ 陆 禽　□ 猛 禽
　　　　　□ 攀 禽　□ 鸣 禽

居留类型: □ 留 鸟　□ 夏候鸟
　　　　　□ 冬候鸟　■ 旅 鸟

居留状态: □ 常见鸟　■ 易见鸟
　　　　　□ 难见鸟　□ 罕见鸟

黄腿银鸥 Caspian Gull
Larus cachinnans　　鸻形目＞鸥科

居留习性：栖息地包括内陆湿地、海洋浅海、海洋潮间带、海洋海岸、岩外群岛、人工陆地、人工水域等。

居留食性：鱼类、无脊椎动物、爬行动物、小型哺乳动物、动物内脏、鸟蛋和雏鸟，有时也会在垃圾中寻找食物。

居留类群：■ 游 禽　　□ 涉 禽　　□ 陆 禽　　□ 猛 禽　　□ 攀 禽　　□ 鸣 禽

居留类型：□ 留 鸟　　□ 夏候鸟　　□ 冬候鸟　　■ 旅 鸟

居留状态：□ 常见鸟　　□ 易见鸟　　■ 难见鸟　　□ 罕见鸟

鸥嘴噪鸥

Gull-billed Tern

Gelochelidon nilotica 　鸻形目＞鸥科

居留习性：在繁殖期栖息于内陆淡水或咸水湖泊、河流与沼泽地带，非繁殖期栖息于海岸及河口地区。

居留食性：以昆虫及昆虫幼虫、蜥蜴和小鱼为食，也吃甲壳类和软体动物。

居留类群：■ 游　禽　　□ 涉　禽　　□ 陆　禽　　□ 猛　禽　　□ 攀　禽　　□ 鸣　禽

居留类型：□ 留　鸟　　□ 夏候鸟　　□ 冬候鸟　　■ 旅　鸟

居留状态：□ 常见鸟　　□ 易见鸟　　■ 难见鸟　　□ 罕见鸟

白额燕鸥 Little Tern
Sternula albifrons　　鸻形目＞鸥科

居留习性：栖息于内陆湖泊、河流、水库、水塘、沼泽，以及沿海海岸、岛屿、河口和沿海沼泽与水塘等水体中。

居留食性：以小鱼、甲壳类、软体动物和昆虫为食。

居留类群：■ 游　禽　　□ 涉　禽　　□ 陆　禽　　□ 猛　禽　　□ 攀　禽　　□ 鸣　禽

居留类型：□ 留　鸟　　■ 夏候鸟　　□ 冬候鸟　　□ 旅　鸟

居留状态：□ 常见鸟　　□ 易见鸟　　■ 难见鸟　　□ 罕见鸟

普通燕鸥 Common Tern
Sterna hirundo　　鸻形目＞鸥科

居留习性：栖息于平原、草地、荒漠中的湖泊、河流、水塘和沼泽地带，也出现于河口、海岸和沿海、沼泽与水塘。

居留食性：以小鱼、虾、甲壳类、昆虫等小型动物为食。

居留类群：■ 游 禽　□ 涉 禽　□ 陆 禽　□ 猛 禽　□ 攀 禽　□ 鸣 禽

居留类型：□ 留 鸟　■ 夏候鸟　□ 冬候鸟　□ 旅 鸟

居留状态：□ 常见鸟　■ 易见鸟　□ 难见鸟　□ 罕见鸟

黑 鹳 Black Stork
Ciconia nigra 鹳形目＞鹳科

居留习性：栖息于河流沿岸、沼泽山区溪流附近，多在山区悬崖峭壁的凹处石沿或浅洞处营巢，或在绿洲湿地高大的胡杨树上营巢，有沿用旧巢的习性。

居留食性：食物主要是鱼类，也食蝼蛄、蟋蟀、龙虱等昆虫，蛇和甲壳动物。

居留类群：□游 禽　■涉 禽　□陆 禽　□猛 禽　□攀 禽　□鸣 禽

IUCN：　□CR 极危　□EN 濒危　■VU 易危　□NT 近危

居留类型：□留 鸟　□夏候鸟　■冬候鸟　□旅 鸟

居留状态：□常见鸟　□易见鸟　■难见鸟　□罕见鸟

重点保护级别：国家一级保护

普通鸬鹚

Great Cormorant
Phalacrocorax carbo

鲣鸟目＞鸬鹚科

- -

生态习性：栖息于河流、湖泊、池塘、
　　　　　水库、河口及其沼泽地带。
居留食性：以各种鱼类为食。
居留类群：■ 游　禽　　□ 涉　禽
　　　　　□ 陆　禽　　□ 猛　禽
　　　　　□ 攀　禽　　□ 鸣　禽
居留类型：□ 留　鸟　　□ 夏候鸟
　　　　　□ 冬候鸟　　■ 旅　鸟
居留状态：■ 常见鸟　　□ 易见鸟
　　　　　□ 难见鸟　　□ 罕见鸟

白琵鹭 Eurasian Spoonbill
Platalea leucorodia   鹈形目＞鹮科

居留习性： 栖息于开阔平原和山地丘陵地区的河流、湖泊、水库岸边及其浅水处，也栖息于水淹平原、芦苇沼泽湿地、沿海沼泽、海岸红树林、河谷冲积地和河口三角洲等各类环境，较少出现在河底多石头的水域和植物茂密的湿地。

居留食性： 以虾、蟹、水生昆虫及昆虫幼虫、蠕虫、甲壳类、软体动物、蛙、蝌蚪、蜥蜴、小鱼等小型脊椎动物和无脊椎动物为食，偶尔也吃少量植物性食物。

居留类群： □ 游 禽   ■ 涉 禽   □ 陆 禽   □ 猛 禽   □ 攀 禽   □ 鸣 禽

IUCN： □ CR 极危   □ EN 濒危   □ VU 易危   ■ NT 近危

居留类型： □ 留 鸟   ■ 夏候鸟   □ 冬候鸟   □ 旅 鸟

居留状态： □ 常见鸟   ■ 易见鸟   □ 难见鸟   □ 罕见鸟

重点保护级别： 国家二级保护

大麻鳽 **Eurasian Bittern**
Botaurus stellaris 　　　鹈形目＞鹭科

居留习性：栖息于山地丘陵和山脚平原地带的河流、湖泊、池塘边的芦苇丛、草丛和灌丛中，以及水域附近的沼泽和湿草地上。

居留食性：以鱼、虾、蛙、蟹、螺、水生昆虫等动物性食物为食。

居留类群：□游　禽　　■涉　禽　　□陆　禽　　□猛　禽　　□攀　禽　　□鸣　禽

居留类型：□留　鸟　　■夏候鸟　　□冬候鸟　　□旅　鸟

居留状态：□常见鸟　　■易见鸟　　□难见鸟　　□罕见鸟

黄斑苇鳽

Yellow Bittern
Ixobrychus sinensis

鹈形目＞鹭科

- -

居留习性：栖息于平原和低山丘陵地带富有水边植物的开阔水域中，尤其喜欢栖息在既有开阔明水面又有大片芦苇和蒲草等挺水植物的中小型湖泊、水库、水塘和沼泽中，有时也栖息在灌木丛或小树丛边的水田、沼泽及其附近的草丛与灌木丛中。

居留食性：以小鱼、虾、蛙、水生昆虫等动物性食物为食。

居留类群：☐ 游　禽　　☒ 涉　禽
　　　　　☐ 陆　禽　　☐ 猛　禽
　　　　　☐ 攀　禽　　☐ 鸣　禽

居留类型：☐ 留　鸟　　☒ 夏候鸟
　　　　　☐ 冬候鸟　　☐ 旅　鸟

居留状态：☐ 常见鸟　　☐ 易见鸟
　　　　　☒ 难见鸟　　☐ 罕见鸟

夜　鹭　Black-crowned Night Heron
Nycticorax nycticorax　　　　鹈形目＞鹭科

居留习性：栖息和活动于平原和低山丘陵地区的溪流、水塘、江河、沼泽和水田地上。夜行性。喜结群。

居留食性：以鱼、蛙、虾、水生昆虫等动物性食物为食。

居留类群：☐ 游 禽　■ 涉 禽　☐ 陆 禽　☐ 猛 禽　☐ 攀 禽　☐ 鸣 禽

居留类型：☐ 留 鸟　■ 夏候鸟　☐ 冬候鸟　☐ 旅 鸟

居留状态：■ 常见鸟　☐ 易见鸟　☐ 难见鸟　☐ 罕见鸟

池 鹭 Chinese Pond Heron
Ardeola bacchus　　　鹈形目＞鹭科

居留习性：栖息于稻田、池塘、湖泊、水库和沼泽湿地等水域，有时也见于水域附近的竹林和树上。

居留食性：吃小鱼、蟹、虾、蛙、小蛇、蚱蜢、蝗虫、蟊蜥、蟋蟀、蝼蛄、蜻蜓，以及鳞翅目幼虫和蝇类等昆虫及幼虫，偶尔也吃少量植物性食物。

居留类群：□ 游 禽　■ 涉 禽　□ 陆 禽　□ 猛 禽　□ 攀 禽　□ 鸣 禽

居留类型：□ 留 鸟　■ 夏候鸟　□ 冬候鸟　□ 旅 鸟

居留状态：■ 常见鸟　□ 易见鸟　□ 难见鸟　□ 罕见鸟

牛背鹭

Cattle Egret
Bubulcus ibis

鹈形目＞鹭科

居留习性：栖息于平原草地、牧场、湖泊、水库、山脚平原和低山水田、池塘、旱田和沼泽地上。

居留食性：以蝗虫、蚂蚱、蚱蜢、蟋蟀、蝼蛄、螽斯、牛蝇、金龟子、地老虎等昆虫为食，也食蜘蛛、黄鳝、蚂蟥和蛙等其他动物食物。

居留类群： ☐ 游　禽 　■ 涉　禽
　　　　　 ☐ 陆　禽 　☐ 猛　禽
　　　　　 ☐ 攀　禽 　☐ 鸣　禽

居留类型： ☐ 留　鸟 　■ 夏候鸟
　　　　　 ☐ 冬候鸟 　☐ 旅　鸟

居留状态： ☐ 常见鸟 　■ 易见鸟
　　　　　 ☐ 难见鸟 　☐ 罕见鸟

苍 鹭

Grey Heron
Ardea cinerea

鹈形目＞鹭科

- -

居留习性： 栖息于江河、溪流、湖泊、水塘、海岸等水域岸边及其浅水处，也见于沼泽、稻田、山地、森林和平原荒漠上的水边浅水处和沼泽中。

居留食性： 以小型鱼类、泥鳅等水生动物为主食。

居留类群： ☐ 游 禽　■ 涉 禽
　　　　　　 ☐ 陆 禽　☐ 猛 禽
　　　　　　 ☐ 攀 禽　☐ 鸣 禽

居留类型： ☐ 留 鸟　■ 夏候鸟
　　　　　　 ☐ 冬候鸟　☐ 旅 鸟

居留状态： ■ 常见鸟　☐ 易见鸟
　　　　　　 ☐ 难见鸟　☐ 罕见鸟

草　鹭

Purple Heron
Ardea purpurea

鹈形目＞鹭科

- -

居留习性：喜稻田、芦苇地、湖泊及
　　　　　溪流，多栖息在沼泽、田边、
　　　　　水塘等芦苇或杂草丛生处。

居留食性：以小鱼、蛙、甲壳类、蜥蜴、
　　　　　蝗虫等动物性食物为食。

居留类群：☐ 游　禽　　■ 涉　禽
　　　　　☐ 陆　禽　　☐ 猛　禽
　　　　　☐ 攀　禽　　☐ 鸣　禽

居留类型：☐ 留　鸟　　■ 夏候鸟
　　　　　☐ 冬候鸟　　☐ 旅　鸟

居留状态：☐ 常见鸟　　■ 易见鸟
　　　　　☐ 难见鸟　　☐ 罕见鸟

大白鹭 Great Egret
Ardea alba 鹈形目>鹭科

居留习性：栖息于开阔平原和山地丘陵地区的河流、湖泊、水田、海滨、河口及其沼泽地带。

居留食性：以直翅目、鞘翅目、双翅目昆虫，甲壳类、软体动物、水生昆虫以及小鱼、蛙、蝌蚪和蜥蜴等动物性食物为食。

居留类群：☐ 游 禽　■ 涉 禽　☐ 陆 禽　☐ 猛 禽　☐ 攀 禽　☐ 鸣 禽

居留类型：☐ 留 鸟　■ 夏候鸟　☐ 冬候鸟　☐ 旅 鸟

居留状态：■ 常见鸟　☐ 易见鸟　☐ 难见鸟　☐ 罕见鸟

白　鹭

Little Egret
Egretta garzetta

鹳形目＞鹭科

- - - - - - - - - - - - - - - - - - - -

居留习性：常栖息于稻田、沼泽、池塘间，以及海岸浅滩的红树林里。

居留食性：以各种小型鱼类为食，也吃虾、蟹、蝌蚪和水生昆虫等动物性食物。

居留类群：☐ 游　禽　　■ 涉　禽
　　　　　☐ 陆　禽　　☐ 猛　禽
　　　　　☐ 攀　禽　　☐ 鸣　禽

居留类型：☐ 留　鸟　　■ 夏候鸟
　　　　　☐ 冬候鸟　　☐ 旅　鸟

居留状态：■ 常见鸟　　☐ 易见鸟
　　　　　☐ 难见鸟　　☐ 罕见鸟

卷羽鹈鹕 Dalmatian Pelican
Pelecanus crispus 鹈形目＞鹈鹕科

居留习性：栖息于湖泊、江河、沿海水域。

居留食性：以鱼类、甲壳类、软体动物、两栖动物等为食。

居留类群：☐ 游 禽　■ 涉 禽　☐ 陆 禽　☐ 猛 禽　☐ 攀 禽　☐ 鸣 禽

IUCN：☐ CR 极危　■ EN 濒危　☐ VU 易危　☐ NT 近危

居留类型：☐ 留 鸟　☐ 夏候鸟　☐ 冬候鸟　■ 旅 鸟

居留状态：☐ 常见鸟　☐ 易见鸟　☐ 难见鸟　■ 罕见鸟

重点保护级别：国家一级保护

鹗

Osprey
Pandion haliaetus　　鹰形目＞鹗科

居留习性: 栖息于湖泊、河流、海岸等地,尤其喜欢在山地森林中的河谷或有树木的水域地带,冬季也常到开阔无林地区的河流、水库、水塘地区活动。

居留食性: 以鱼类为食,有时也捕食蛙、蜥蜴、小型鸟类等其他小型陆栖动物。

居留类群: □ 游　禽　　□ 涉　禽　　□ 陆　禽　　■ 猛　禽　　□ 攀　禽　　□ 鸣　禽

IUCN: □ CR 极危　　□ EN 濒危　　□ VU 易危　　■ NT 近危

居留类型: □ 留　鸟　　□ 夏候鸟　　□ 冬候鸟　　■ 旅　鸟

居留状态: □ 常见鸟　　□ 易见鸟　　■ 难见鸟　　□ 罕见鸟

重点保护级别: 国家二级保护

胡兀鹫

Gypaetus barbatus

鹰形目＞鹰科

居留习性：栖息于开阔地区，像草原、
　　　　　冻原、高地和石楠荒地等
　　　　　处，也喜欢落脚于海边和
　　　　　内陆的岩石或悬崖之中。

居留食性：以大型动物尸体为食，特别
　　　　　喜欢新鲜尸体和骨头，也吃
　　　　　陈腐的旧的尸体，有时也猎
　　　　　取水禽、受伤的雉鸡、鹑类
　　　　　和野兔等小型动物。

居留类群：□ 游　禽　　　□ 涉　禽
　　　　　□ 陆　禽　　　■ 猛　禽
　　　　　□ 攀　禽　　　□ 鸣　禽

IUCN：　　□ CR 极危　　□ EN 濒危
　　　　　□ VU 易危　　■ NT 近危

居留类型：□ 留　鸟　　　□ 夏候鸟
　　　　　□ 冬候鸟　　　■ 旅　鸟

居留状态：□ 常见鸟　　　□ 易见鸟
　　　　　□ 难见鸟　　　■ 罕见鸟

重点保护级别：国家一级保护

秃　鹫　Cinereous Vulture
Aegypius monachus　鹰形目＞鹰科

居留习性：栖息于低山丘陵和高山荒原与森林中的荒岩草地、山谷溪流和林缘地带。

居留食性：以大型动物的尸体为食，偶尔主动攻击中小型兽类、两栖类、爬行类和鸟类，有时也袭击家畜。

居留类群：□游　禽　□涉　禽　□陆　禽　■猛　禽　□攀　禽　□鸣　禽

IUCN：　□CR 极危　□EN 濒危　□VU 易危　■NT 近危

居留类型：■留　鸟　□夏候鸟　□冬候鸟　■旅　鸟

居留状态：□常见鸟　□易见鸟　□难见鸟　■罕见鸟

重点保护级别：国家一级保护

乌　雕

Spotted Eagle
Greater clanga

鹰形目＞鹰科

- - - - - - - - - - - - - - - - - - -

居留习性：栖于近湖泊的开阔沼泽地区，迁徙时栖于开阔地区。

居留食性：为青蛙、蛇类、鱼类及鸟类。

居留类群：☐ 游　禽　　☐ 涉　禽
　　　　　☐ 陆　禽　　■ 猛　禽
　　　　　☐ 攀　禽　　☐ 鸣　禽

IUCN：　☐ CR 极危　☐ EN 濒危
　　　　■ VU 易危　☐ NT 近危

居留类型：■ 留　鸟　　☐ 夏候鸟
　　　　　☐ 冬候鸟　　☐ 旅　鸟

居留状态：☐ 常见鸟　　☐ 易见鸟
　　　　　☐ 难见鸟　　■ 罕见鸟

重点保护级别：国家一级保护

草原雕 Steppe Eagle
Aquila nipalensis　鹰形目＞鹰科

居留习性：栖息于开阔的草原，常停息在地面或高崖及枯树。

居留食性：主要食物有兔、黄鼠、鼠兔、跳鼠、田鼠，此外还有貂类。

居留类群：☐ 游　禽　　☐ 涉　禽　　☐ 陆　禽　　■ 猛　禽
　　　　　☐ 攀　禽　　☐ 鸣　禽

IUCN：　☐ CR 极危　　☐ EN 濒危　　■ VU 易危　　☐ NT 近危

居留类型：☐ 留　鸟　　☐ 夏候鸟　　☐ 冬候鸟　　■ 旅　鸟

居留状态：☐ 常见鸟　　☐ 易见鸟　　☐ 难见鸟　　■ 罕见鸟

重点保护级别：国家一级保护

白肩雕 Imperial Eagle
Aquila heliaca 鹰形目＞鹰科

居留习性：栖息于山地，也见于草原、丘陵、河流的沙岸等地。

居留食性：以松鼠、花鼠、黄鼠、跳鼠、仓鼠、田鼠、旱獭以及鸽、鹳、雁、鸭等鸟类为食，有时也食动物尸体和捕食家禽。

居留类群：□ 游　禽　　□ 涉　禽　　□ 陆　禽　　■ 猛　禽　　□ 攀　禽　　□ 鸣　禽

IUCN：　　□ CR 极危　　■ EN 濒危　　□ VU 易危　　□ NT 近危

居留类型：□ 留　鸟　　□ 夏候鸟　　□ 冬候鸟　　■ 旅　鸟

居留状态：□ 常见鸟　　□ 易见鸟　　□ 难见鸟　　■ 罕见鸟

重点保护级别：国家一级保护

金 雕

Golden Eagle
Aquila chrysaetos

鹰形目＞鹰科

居留习性：栖息于高山草原、荒漠、
　　　　　河谷和森林地带，冬季亦
　　　　　常到山地丘陵和山脚平原
　　　　　地带活动。

居留食性：主要捕食大型的鸟类和中
　　　　　小型兽类。

居留类群：□ 游　禽　　□ 涉　禽
　　　　　□ 陆　禽　　■ 猛　禽
　　　　　□ 攀　禽　　□ 鸣　禽

IUCN：　　□ CR 极危　□ EN 濒危
　　　　　■ VU 易危　□ NT 近危

居留类型：■ 留　鸟　　□ 夏候鸟
　　　　　□ 冬候鸟　　□ 旅　鸟

居留状态：□ 常见鸟　　□ 易见鸟
　　　　　□ 难见鸟　　■ 罕见鸟

重点保护级别：国家一级保护

雀 鹰　Eurasian Sparrowhawk
Accipiter nisus　　　　鹰形目＞鹰科

居留习性：栖息于针叶林、混交林、阔叶林等山地森林和林缘地带，冬季栖息于低山丘陵、山脚平原、农田地边以及村庄附近，尤其喜欢在林缘、河谷、采伐迹地的次生林和农田附近的小块丛林地带活动。

居留食性：以雀形目小鸟、昆虫和鼠类为食，也捕食鸽形目鸟类和榛鸡等小的鸡形目鸟类，有时亦捕食野兔、蛇、昆虫幼虫。

居留类群：□ 游 禽　　□ 涉 禽　　□ 陆 禽　　■ 猛 禽　　□ 攀 禽　　□ 鸣 禽

居留类型：■ 留 鸟　　□ 夏候鸟　　□ 冬候鸟　　□ 旅 鸟

居留状态：□ 常见鸟　　□ 易见鸟　　□ 难见鸟　　■ 罕见鸟

重点保护级别：国家二级保护

苍　鹰　Northern Goshawk
Accipiter gentilis　　鹰形目＞鹰科

居留习性：栖息于疏林、林缘和灌丛地带。次生林中也较常见。栖息于不同海拔高度的针叶林、混交林和阔叶林等森林地带，也见于平原和丘陵地带的疏林和小块林内。

居留食性：以森林鼠类、野兔、雉类、榛鸡、鸠鸽类和其他小型鸟类为食。

居留类群：□ 游　禽　　□ 涉　禽　　□ 陆　禽　　■ 猛　禽　　□ 攀　禽　　□ 鸣　禽

IUCN：　　□ CR 极危　　□ EN 濒危　　□ VU 易危　　■ NT 近危

居留类型：□ 留　鸟　　□ 夏候鸟　　□ 冬候鸟　　■ 旅　鸟

居留状态：□ 常见鸟　　□ 易见鸟　　□ 难见鸟　　■ 罕见鸟

重点保护级别：国家二级保护

阎　肃／摄

白头鹞

Western Marsh Harrier
Circus aeruginosus

鹰形目＞鹰科

- -

居留习性：栖息于低山平原地区的河
流、湖泊、沼泽、芦苇塘
等开阔水域及其附近地区
全球较低地。

居留食性：以小型鸟类、雏鸟、鸟卵、
小型啮齿类动物、蛙、蜥蜴、
蛇等动物性食物为食，也能
捕捉䴙、鹬、鸭等中型水鸟
和陆栖鸟类，有时也吃腐尸。

居留类群： ☐ 游　禽　　☐ 涉　禽
　　　　　 ☐ 陆　禽　　■ 猛　禽
　　　　　 ☐ 攀　禽　　☐ 鸣　禽

IUCN： ☐ CR 极危　　☐ EN 濒危
　　　　☐ VU 易危　　■ NT 近危

居留类型： ■ 留　鸟　　☐ 夏候鸟
　　　　　 ☐ 冬候鸟　　☐ 旅　鸟

居留状态： ☐ 常见鸟　　☐ 易见鸟
　　　　　 ☐ 难见鸟　　■ 罕见鸟

重点保护级别：国家二级保护

白腹鹞 Eastern Marsh Harrier
Circus spilonotus　　　　鹰形目＞鹰科

居留习性：喜开阔地，尤其是多草沼泽地带或芦苇地。

居留食性：以小型鸟类、啮齿类、蛙、蜥蜴、小型蛇类和大的昆虫为食，有时也在水面捕食各种中小型水鸟如鸊鷉、野鸭、幼鸭和地上的雉类、鹌类及野兔等动物，也有报告认为吃死尸和腐肉。

居留类群：☐ 游 禽　☐ 涉 禽　☐ 陆 禽　■ 猛 禽　☐ 攀 禽　☐ 鸣 禽

IUCN：　　☐ CR 极危　☐ EN 濒危　☐ VU 易危　■ NT 近危

居留类型：■ 留 鸟　☐ 夏候鸟　☐ 冬候鸟　☐ 旅 鸟

居留状态：☐ 常见鸟　☐ 易见鸟　☐ 难见鸟　■ 罕见鸟

重点保护级别：国家二级保护

白尾鹞

Hen Harrier
Circus cyaneus

鹰形目＞鹰科

- -

居留习性：栖息于平原和低山丘陵地带，尤其是平原上的湖泊、沼泽、河谷、草原、荒野以及低山、林间沼泽和草地、农田、沿海沼泽和芦苇塘等开阔地区。冬季有时也到村屯附近的水田、草坡和疏林地带活动。

居留食性：以小型鸟类、鼠类、蛙、蜥蜴和大型昆虫等动物性食物为食。

居留类群：□ 游　禽　　□ 涉　禽
　　　　　□ 陆　禽　　■ 猛　禽
　　　　　□ 攀　禽　　□ 鸣　禽

IUCN：　　□ CR 极危　　□ EN 濒危
　　　　　□ VU 易危　　■ NT 近危

居留类型：■ 留　鸟　　□ 夏候鸟
　　　　　□ 冬候鸟　　□ 旅　鸟

居留状态：□ 常见鸟　　□ 易见鸟
　　　　　■ 难见鸟　　□ 罕见鸟

重点保护级别：国家二级保护

鹊 鹞

Pied Harrier
Circus melanoleucos

鹰形目＞鹰科

居留习性：栖息于开阔的低山丘陵和
山脚平原、草地、旷野、
河谷、沼泽、林缘灌丛和
沼泽草地，繁殖期后有时
也到农田和村庄附近的草
地和丛林中活动。

居留食性：以小鸟、鼠类、林蛙、蜥蜴、
蛇、昆虫等小型动物为食。

居留类群：☐ 游　禽　　☐ 涉　禽
　　　　　☐ 陆　禽　　■ 猛　禽
　　　　　☐ 攀　禽　　☐ 鸣　禽

IUCN：　☐ CR 极危　　☐ EN 濒危
　　　　　☐ VU 易危　　■ NT 近危

居留类型：■ 留　鸟　　☐ 夏候鸟
　　　　　☐ 冬候鸟　　☐ 旅　鸟

居留状态：☐ 常见鸟　　☐ 易见鸟
　　　　　■ 难见鸟　　☐ 罕见鸟

重点保护级别：国家二级保护

黑　鸢　Black Kite
Milvus migrans　　鹰形目＞鹰科

居留习性：栖息于开阔平原、草地、荒原和低山丘陵地带，也常在城郊、村屯、田野、港湾、湖泊上空活动。

居留食性：以小鸟、鼠类、蛇、蛙、鱼、野兔、蜥蜴和昆虫等动物性食物为食，偶尔也吃家禽和腐尸。

居留类群：□ 游　禽　　□ 涉　禽　　□ 陆　禽　　■ 猛　禽　　□ 攀　禽　　□ 鸣　禽

居留类型：■ 留　鸟　　□ 夏候鸟　　□ 冬候鸟　　□ 旅　鸟

居留状态：□ 常见鸟　　□ 易见鸟　　■ 难见鸟　　□ 罕见鸟

重点保护级别：国家二级保护

玉带海雕

Pallas's Fish Eagle
Haliaeetus leucoryphus

鹰形目＞鹰科

居留习性：栖息于有湖泊、河流和水
塘等水域的开阔地区。

居留食性：以鱼和水禽为食，也吃蛙
和爬行类。在草原及荒漠
地带以旱獭、黄鼠、鼠兔
等啮齿动物为主要食物。
偶尔也吃羊羔。

居留类群： □ 游　禽　　□ 涉　禽
□ 陆　禽　　■ 猛　禽
□ 攀　禽　　□ 鸣　禽

IUCN： □ CR 极危　　■ EN 濒危
□ VU 易危　　□ NT 近危

居留类型： □ 留　鸟　　■ 夏候鸟
□ 冬候鸟　　□ 旅　鸟

居留状态： □ 常见鸟　　□ 易见鸟
□ 难见鸟　　■ 罕见鸟

重点保护级别：国家一级保护

吴宗凯 / 摄

白尾海雕 White-tailed Sea-Eagle
Haliaeetus albicilla 鹰形目＞鹰科

居留习性：懒散，蹲立不动达几个小时。喜欢在有高大树林的水域或森林地区的开阔湖泊及河流地带活动。

居留食性：以鱼类为食，也捕食各种鸟类以及中小型哺乳动物，有时也吃腐肉和动物尸体。在冬季食物缺乏时，偶尔也攻击家禽和家畜。

居留类群：☐ 游 禽　　☐ 涉 禽　　☐ 陆 禽　　■ 猛 禽　　☐ 攀 禽　　☐ 鸣 禽

IUCN：　　☐ CR 极危　　☐ EN 濒危　　■ VU 易危　　☐ NT 近危

居留类型：☐ 留 鸟　　☐ 夏候鸟　　☐ 冬候鸟　　■ 旅 鸟

居留状态：☐ 常见鸟　　☐ 易见鸟　　☐ 难见鸟　　■ 罕见鸟

重点保护级别：国家一级保护

毛脚鵟 Rough-legged Hawk
Buteo lagopus

鹰形目＞鹰科

居留习性：栖息于稀疏的针、阔混交林和原野、耕地等开阔地带。

居留食性：以田鼠等小型啮齿类动物和小型鸟类为食，也捕食野兔、雉鸡、石鸡等较大的动物。

居留类群：□游　禽　　□涉　禽　　□陆　禽　　■猛　禽　　□攀　禽　　□鸣　禽

IUCN：　　□CR 极危　　□EN 濒危　　□VU 易危　　■NT 近危

居留类型：□留　鸟　　□夏候鸟　　□冬候鸟　　■旅　鸟

居留状态：□常见鸟　　□易见鸟　　□难见鸟　　■罕见鸟

重点保护级别：国家二级保护

大 鵟　Upland Buzzard
Buteo hemilasius　鹰形目＞鹰科

居留习性：栖息于山地、山脚平原和草原等地区，也出现在高山林缘和开阔的山地草原与荒漠地带。冬季也常出现在低山丘陵和山脚平原地带的农田、芦苇沼泽、村庄，甚至城市附近。

居留食性：以啮齿类动物、蛙、蜥蜴、野兔、蛇、黄鼠、鼠兔、旱獭、雉鸡、石鸡、昆虫等动物性食物为食。

居留类群：□游　禽　　□涉　禽　　□陆　禽　　■猛　禽　　□攀　禽　　□鸣　禽

IUCN：　　□CR 极危　　□EN 濒危　　■VU 易危　　□NT 近危

居留类型：□留　鸟　　□夏候鸟　　■冬候鸟　　□旅　鸟

居留状态：□常见鸟　　□易见鸟　　■难见鸟　　□罕见鸟

重点保护级别：国家二级保护

普通鵟

Eastern Buzzard
Buteo japonicus

鹰形目＞鹰科

居留习性：繁殖期间栖息于山地森林和林缘地带。秋冬季节则多出现在低山丘陵和山脚平原地带。常见在开阔平原、荒漠、旷野、开垦的耕作区、林缘草地和村庄上空盘旋翱翔。

居留食性：以各种鼠类为食，而且食量较大。

居留类群：□ 游　禽　　□ 涉　禽
　　　　　□ 陆　禽　　■ 猛　禽
　　　　　□ 攀　禽　　□ 鸣　禽

居留类型：□ 留　鸟　　□ 夏候鸟
　　　　　□ 冬候鸟　　■ 旅　鸟

居留状态：□ 常见鸟　　□ 易见鸟
　　　　　■ 难见鸟　　□ 罕见鸟

重点保护级别：国家二级保护

棕尾鵟 Long-legged Hawk
Buteo rufinus

鹰形目＞鹰科

居留习性：栖息于荒漠、半荒漠、草原、无树的平原和山地平原。冬季有时也到农田地区活动，但较少活动于森林地带。

居留食性：以野兔、啮齿类动物、蛙、蜥蜴、蛇、雉鸡和其他鸟类与鸟卵等为食，有时也吃死鱼和其他动物尸体。

居留类群：□游 禽　　□涉 禽　　□陆 禽　　■猛 禽　　□攀 禽　　□鸣 禽

IUCN：　□CR 极危　　□EN 濒危　　□VU 易危　　■NT 近危

居留类型：□留 鸟　　□夏候鸟　　□冬候鸟　　■旅 鸟

居留状态：□常见鸟　　□易见鸟　　□难见鸟　　■罕见鸟

重点保护级别：国家二级保护

雕　鸮

Eurasian Eagle-Owl
Bubo bubo

鸮形目＞鸱鸮科

居留习性：栖息于山地森林、平原、荒野、林缘灌丛、疏林，以及裸露的高山和峭壁等各类环境。

居留食性：以各种鼠类为食，但食性很广，几乎包括所有能够捕到的动物，包括狐狸、豪猪、野猫类等难以对付的兽类和苍鹰、鹞、游隼等猛禽。

居留类群：☐ 游　禽　　☐ 涉　禽
　　　　　☐ 陆　禽　　☑ 猛　禽
　　　　　☐ 攀　禽　　☐ 鸣　禽

IUCN：　☐ CR 极危　☐ EN 濒危
　　　　☐ VU 易危　☑ NT 近危

居留类型：☑ 留　鸟　　☐ 夏候鸟
　　　　　☐ 冬候鸟　　☐ 旅　鸟

居留状态：☐ 常见鸟　　☐ 易见鸟
　　　　　☐ 难见鸟　　☑ 罕见鸟

重点保护级别：国家二级保护

纵纹腹小鸮

Little Owl
Athene noctua

鸮形目＞鸱鸮科

居留习性：栖息于低山丘陵，林缘灌丛和平原森林地带，也出现在农田、荒漠和村庄附近的丛林中。

居留食性：主要食鼠类和鞘翅目昆虫，也吃小鸟、蜥蜴、蛙等小型动物。

居留类群：☐ 游　禽　　☐ 涉　禽
　　　　　☐ 陆　禽　　■ 猛　禽
　　　　　☐ 攀　禽　　☐ 鸣　禽

居留类型：■ 留　鸟　　☐ 夏候鸟
　　　　　☐ 冬候鸟　　☐ 旅　鸟

居留状态：☐ 常见鸟　　■ 易见鸟
　　　　　☐ 难见鸟　　☐ 罕见鸟

重点保护级别：国家二级保护

长耳鸮

Long-eared Owl
Asio otus

鸮形目＞鸱鸮科

居留习性：栖息于针叶林、针阔混交林和阔叶林等各种类型的森林中，也出现于林缘疏林、农田防护林和城市公园的林地。

居留食性：以鼠类等啮齿类动物为食，也吃小型鸟类、哺乳类和昆虫。

居留类群：□ 游　禽　　□ 涉　禽
　　　　　□ 陆　禽　　■ 猛　禽
　　　　　□ 攀　禽　　□ 鸣　禽

居留类型：□ 留　鸟　　□ 夏候鸟
　　　　　■ 冬候鸟　　□ 旅　鸟

居留状态：□ 常见鸟　　□ 易见鸟
　　　　　■ 难见鸟　　□ 罕见鸟

重点保护级别：国家二级保护

短耳鸮 Short-eared Owl
Asio flammeus　　　鸮形目＞鸱鸮科

居留习性： 栖息于低山、丘陵、苔原、荒漠、平原、沼泽、湖岸和草地等各类生态中，尤以开阔平原草地、沼泽和湖岸地带较多见。

居留食性： 以鼠类为食，也吃小鸟、蜥蜴和昆虫，偶尔也吃植物果实和种子。

居留类群： □ 游　禽　　□ 涉　禽　　□ 陆　禽　　■ 猛　禽　　□ 攀　禽　　□ 鸣　禽

IUCN： □ CR 极危　　□ EN 濒危　　□ VU 易危　　■ NT 近危

居留类型： □ 留　鸟　　□ 夏候鸟　　■ 冬候鸟　　□ 旅　鸟

居留状态： □ 常见鸟　　□ 易见鸟　　■ 难见鸟　　□ 罕见鸟

重点保护级别： 国家二级保护

戴　胜

Common Hoopoe
Upupa epops

犀鸟目＞戴胜科

居留习性： 栖息于山地、平原、森林、林缘、路边、河谷、农田、草地、村屯和果园等开阔地方，尤其以林缘耕地生态较为常见。

居留食性： 大量捕食金针虫、蝼蛄、行军虫、步行虫和天牛幼虫等害虫。

居留类群： ☐ 游　禽　　☐ 涉　禽　　☐ 陆　禽　　☐ 猛　禽　　■ 攀　禽　　☐ 鸣　禽

居留类型： ☐ 留　鸟　　■ 夏候鸟　　☐ 冬候鸟　　☐ 旅　鸟

居留状态： ■ 常见鸟　　☐ 易见鸟　　☐ 难见鸟　　☐ 罕见鸟

蓝翡翠 *Halcyon pileata*

佛法僧目＞翠鸟科

主要栖息于林中溪流以及山脚与平原地带的河流、水塘和沼泽地带。在海拔 600 米以下的清澈河流边并不罕见。北方种群南迁越冬。喜大河流两岸、河口及红树林。栖于河边的枝头。

以小鱼、虾、蟹和水生昆虫等水栖动物为食，也吃蛙和鞘翅目、鳞翅昆虫及幼虫。

- ☐ 游 禽　　☐ 涉 禽　　☐ 陆 禽　　☐ 猛 禽　　　攀 禽　　☐ 鸣 禽
- ☐ 留 鸟　　　夏候鸟　　☐ 冬候鸟　　☐ 旅 鸟
- ☐ 常见鸟　　☐ 易见鸟　　　难见鸟　　☐ 罕见鸟

普通翠鸟

Common Kingfisher
Alcedo atthis

佛法僧目＞翠鸟科

- -

居留习性：栖息于有灌丛或疏林、水
清澈而缓流的小河、溪涧、
湖泊以及灌溉渠等水域。

居留食性：食物以小鱼为主，兼吃甲
壳类和多种水生昆虫及其
幼虫，也啄食小型蛙类和
少量水生植物。

居留类群：□ 游　禽　　□ 涉　禽
　　　　　□ 陆　禽　　□ 猛　禽
　　　　　■ 攀　禽　　□ 鸣　禽

居留类型：□ 留　鸟　　■ 夏候鸟
　　　　　□ 冬候鸟　　□ 旅　鸟

居留状态：□ 常见鸟　　■ 易见鸟
　　　　　□ 难见鸟　　□ 罕见鸟

冠鱼狗 Crested Kingfisher
Megaceryle lugubris 佛法僧目＞翠鸟科

居留习性：栖息于山麓、小山丘或平原、森林、河溪间。常光顾流速快、多砾石的清澈河流及溪流。

居留食性：食物以小鱼为主，兼吃甲壳类和多种水生昆虫及其幼虫，也啄食小型蛙类和少量水生植物。

居留类群：□ 游 禽　　□ 涉 禽　　□ 陆 禽　　□ 猛 禽　　■ 攀 禽　　□ 鸣 禽

居留类型：■ 留 鸟　　□ 夏候鸟　　□ 冬候鸟　　□ 旅 鸟

居留状态：□ 常见鸟　　□ 易见鸟　　■ 难见鸟　　□ 罕见鸟

大斑啄木鸟

Great Spotted Woodpecker
Dendrocopos major

啄木鸟目 > 啄木鸟科

居留习性：常见于山地和平原的园圃、树丛及森林间。

居留食性：以各种昆虫为主要食物。

居留类群：□ 游禽　□ 涉禽

　　　　　□ 陆禽　□ 猛禽

　　　　　■ 攀禽　□ 鸣禽

居留类型：■ 留鸟　□ 夏候鸟

　　　　　□ 冬候鸟　□ 旅鸟

居留状态：□ 带见鸟　□ 易见鸟

　　　　　□ 难见鸟　□ 罕见鸟

灰头绿啄木鸟 Grey-headed Woodpecker
Picus canus　　啄木鸟目 > 啄木鸟科

居留习性：栖息于低山阔叶林和混交林，也出现于次生林和林缘地带，很少到原始针叶林中。秋冬季常出现于路旁、农田地边疏林。

居留食性：以蚂蚁、小蠹虫、天牛幼虫，鳞翅目、鞘翅目、膜翅目等昆虫为食。

居留类群：□游　禽　□涉　禽　□陆　禽　□猛　禽　■攀　禽　□鸣　禽

居留类型：■留　鸟　□夏候鸟　□冬候鸟　□旅　鸟

居留状态：□常见鸟　□易见鸟　■难见鸟　□罕见鸟

红 隼

Common Kestrel
Falco tinnunculus　隼形目 > 隼科

居留习性：栖息时多在空旷地区孤立的高大树木的树梢上或者电线杆上。

居留食性：吃大型昆虫，鸟和小哺乳动物。

居留类群：□游禽　□涉禽　□陆禽　■猛禽　□攀禽　□鸣禽

居留类型：□留鸟　□夏候鸟　□冬候鸟　□旅鸟

居留状态：■常见鸟　□易见鸟　□难见鸟　□罕见鸟

重点保护级别：国家二级保护

红脚隼

Amur Falcon
Falco amurensis

隼形目 > 隼科

居留习性：栖息于低山疏林、林缘、山脚平原、丘陵地区的沼泽、草地、河流、山谷和农田等开阔地区，尤其喜欢具有稀疏树木的平原、低山和丘陵地区。

居留食性：以蝗虫、蚱蜢、蝼蛄、蟋蟀、金龟子、蜻蜓、叩头虫等昆虫为食，有时也捕食小型鸟类、蜥蜴、石龙子、蛙、鼠类等小型脊椎动物，其中害虫占其食物的90%以上，在消灭害虫方面功绩卓著。

居留类群：□ 游禽　□ 涉禽　□ 陆禽　■ 猛禽　□ 攀禽　□ 鸣禽

IUCN：□ CR 极危　□ EN 濒危　□ VU 易危　■ NT 近危

居留类型：□ 留鸟　■ 夏候鸟　□ 冬候鸟　□ 旅鸟

居留状态：□ 常见鸟　■ 易见鸟　□ 难见鸟　□ 罕见鸟

重点保护级别：国家二级保护

灰背隼

Merlin *Falco columbarius*　隼形目 > 隼科

居留习性：栖息于开阔的低山丘陵、山脚平原、海岸和森林苔原地带，特别是林缘、林中空地、山岩和有稀疏树木的开阔地方，冬季和迁徙季节也见于荒山河谷、平原旷野、草原灌丛和开阔的农田草坡地区。

居留食性：以小型鸟类、鼠类和昆虫等为食，也吃蜥蜴、蛙和小型蛇类。主要在空中飞行捕食，很追捕鸽子。

居留类群：□游禽 □涉禽 ■陆禽 ■猛禽 □攀禽 □鸣禽

IUCN：□CR 极危 □EN 濒危 □VU 易危 ■NT 近危 □

居留类型：□留鸟 □夏候鸟 □冬候鸟 ■旅鸟

居留状态：□常见鸟 □易见鸟 ■难见鸟 □罕见鸟

重点保护级别：国家二级保护

燕 隼　Eurasian Hobby　*Falco subbuteo*　隼形目 > 隼科

居留习性：栖息于有稀疏树木生长的开阔平原、旷野、耕地、海岸、疏林和林缘地带，有时也到村庄附近。

居留食性：以麻雀、山雀等雀形目小鸟为食，偶尔捕捉蝙蝠，更大量地捕食昆虫，其中大多为害虫。

居留类群：□游禽　□涉禽　□陆禽　□攀禽　■猛禽　□鸣禽

居留类型：□留鸟　■夏候鸟　□冬候鸟　□旅鸟

居留状态：□常见鸟　□易见鸟　■难见鸟　□罕见鸟

重点保护级别：国家二级保护

猎 隼

Saker Falcon
Falco cherrug　隼形目＞隼科

居留习性：栖息于山地、丘陵、河谷和山脚平原地区。

居留食性：以中小鸟类和小型兽类为食。

居留类群：□游 禽　□涉 禽　□陆 禽　■猛 禽　□攀 禽　□鸣 禽

IUCN：　□CR 极危　■EN 濒危　□VU 易危　□NT 近危

居留类型：□留 鸟　□夏候鸟　□冬候鸟　□旅 鸟

居留状态：□常见鸟　□易见鸟　□难见鸟　■罕见鸟

重点保护级别：国家一级保护

游　隼　Peregrine Falcon
Falco peregrinus　隼形目＞隼科

居留习性：栖息于山地、丘陵、荒漠、半荒漠、海岸、旷野、草原、河流、沼泽与湖泊沿岸地带，也到开阔的耕地和村屯附近活动。

居留食性：捕食野鸭、鸥、鸠鸽类和鸡类等中小型鸟类，偶尔也捕食鼠类和野兔等小型哺乳动物。

居留类群：□游禽　□涉禽　□陆禽　■猛禽　□攀禽　□鸣禽

IUCN：□CR极危　□EN濒危　□VU易危　■NT近危

居留类型：□留鸟　■夏候鸟　□冬候鸟　□旅鸟

居留状态：□常见鸟　□易见鸟　□难见鸟　■罕见鸟

重点保护级别：国家二级保护

黑卷尾

Black Drongo
Dicrurus macrocercus

雀形目＞卷尾科

居留习性：栖息在山麓或沿溪的树顶
上，或在竖立田野间的电
线杆上。

居留食性：主食各种昆虫及幼虫。

居留类群：☐游　禽　　☐涉　禽
　　　　　☐陆　禽　　☐猛　禽
　　　　　☐攀　禽　　■鸣　禽

居留类型：☐留　鸟　　■夏候鸟
　　　　　☐冬候鸟　　☐旅　鸟

居留状态：■常见鸟　　☐易见鸟
　　　　　☐难见鸟　　☐罕见鸟

红尾伯劳

Brown Shrike
Lanius cristatus

雀形目 > 伯劳科

居留习性：栖息于低山丘陵和山脚平原地带的灌丛、疏林和林缘地带。

居留食性：主要有直翅目蝗科、螽斯科、鞘翅目步甲科、叩头虫科、金龟子科、瓢虫科、半翅目蝽科和鳞翅目昆虫。

居留类群：□游禽 □涉禽 □陆禽 □猛禽 □攀禽 ■鸣禽

居留类型：□留鸟 ■夏候鸟 □冬候鸟 □旅鸟

居留状态：□常见鸟 □易见鸟 ■难见鸟 □罕见鸟

荒漠伯劳

Isabelline Shrike
Lanius isabellinus

雀形目＞伯劳科

居留习性：常见于荒漠地区疏林地带及绿洲，村落附近，多栖息在枝头或电线上。

居留食性：在所食昆虫中，鞘翅目昆虫占 90% 以上，其余是螺虫，蜂，蝗，蚜虫，飘虫，金华虫等。也吃植物种子。

居留类群：☐ 游禽　☐ 涉禽　☐ 陆禽　☐ 猛禽　☐ 攀禽　■ 鸣禽

居留类型：☐ 留鸟　■ 夏候鸟　☐ 冬候鸟　☐ 旅鸟

居留状态：☐ 常见鸟　☐ 易见鸟　☐ 难见鸟　☐ 罕见鸟

灰背伯劳

Grey-backed Shrike
Lanius tephronotus

雀形目 > 伯劳科

居留习性：栖息于自平原至海拔 4000
米的山地疏林地区，在农
田及农舍附近较多。常栖
息在树梢的干枝或电线上。

居留食性：以昆虫为主食，蝗虫、
蟋蟀、金龟（虫甲）、
鳞翅目幼虫及蚂蚁等最
多，也吃鼠类和小鱼及
杂草。

居留类群：□ 游　禽　　□ 涉　禽
　　　　　□ 陆　禽　　□ 猛　禽
　　　　　□ 攀　禽　　■ 鸣　禽

居留类型：□ 留　鸟　　■ 夏候鸟
　　　　　□ 冬候鸟　　□ 旅　鸟

居留状态：□ 常见鸟　　□ 易见鸟
　　　　　■ 难见鸟　　□ 罕见鸟

灰伯劳

Great Grey Shrike
Lanius excubitor

雀形目＞伯劳科

居留习性：栖息在海拔 800 米以下山地或生境中林带的开阔或半开阔的生态。

居留食性：性凶猛，嗜吃小形兽类、鸟类、蜥蜴，各种昆虫以及其他活动物。

居留类群：☐游　禽　　☐涉　禽
　　　　　☐陆　禽　　☐猛　禽
　　　　　☐攀　禽　　■鸣　禽

居留类型：☐留　鸟　　☐夏候鸟
　　　　　☐冬候鸟　　■旅　鸟

居留状态：☐常见鸟　　☐易见鸟
　　　　　■难见鸟　　☐罕见鸟

楔尾伯劳

Chinese Grey Shrike
Lanius sphenocercus

雀形目 > 伯劳科

居留习性：主要栖息于低山、平原和丘陵地带的疏林和林缘灌丛草地，也出现于农田地边和村屯附近的树上，冬季有时也到芦苇丛中活动和觅食。

居留食性：以昆虫为食，也捕食小型脊椎动物。

居留类群：□ 游禽　□ 涉禽
　　　　　□ 陆禽　□ 猛禽
　　　　　□ 攀禽　■ 鸣禽

居留类型：□ 留鸟　■ 夏候鸟
　　　　　□ 冬候鸟　□ 旅鸟

居留状态：□ 常见鸟　■ 易见鸟
　　　　　□ 难见鸟　□ 罕见鸟

灰喜鹊

居留习性：栖息于开阔的松林及阔叶林，公园和城镇居民区。

居留食性：杂食性，但以动物性食物为主，主要吃半翅目的蝽象，鞘翅目的昆虫及幼虫，兼食一些植物果实及种子。

居留食群：☐游禽 ☐涉禽 ☐陆禽 ☐猛禽 ☐攀禽 ■鸣禽

居留类型：■留鸟 ☐夏候鸟 ☐冬候鸟 ☐旅鸟

居留状态：☐常见鸟 ■易见鸟 ☐难见鸟 ☐罕见鸟

喜鹊　Common Magpie
Pica pica　雀形目 > 鸦科

居留习性：在山区、平原都有育栖息，无论是荒野、农田、郊区、城市、公园和花园都能看到它们的身影。
居留食性：食物组成随季节和环境而变化，夏季以昆虫等动物性食物为食，其他季节则以植物果实和种子为食。

居留类群：　□ 游　禽　　□ 涉　禽　　□ 陆　禽　　□ 猛　禽　　□ 攀　禽　　■ 鸣　禽
居留类型：　■ 留　鸟　　□ 夏候鸟　　□ 冬候鸟　　□ 旅　鸟
居留状态：　■ 常见鸟　　□ 易见鸟　　□ 难见鸟　　□ 罕见鸟

黑尾地鸦

Mongolian Ground Jay
Podoces hendersoni

雀形目＞鸦科

- -

居留习性：栖于开阔多岩石的地面及
灌丛。巢营于地面，但喜
在树上停栖。

居留食性：以种子及无脊椎动物为食。

居留类群：☐ 游　禽　　☐ 涉　禽
　　　　　☐ 陆　禽　　☐ 猛　禽
　　　　　☐ 攀　禽　　☒ 鸣　禽

居留类型：☒ 留　鸟　　☐ 夏候鸟
　　　　　☐ 冬候鸟　　☐ 旅　鸟

居留状态：☐ 常见鸟　　☐ 易见鸟
　　　　　☒ 难见鸟　　☐ 罕见鸟

重点保护级别：国家二级保护

红嘴山鸦 Red-billed Chough
Pyrrhocorax pyrrhocorax　　雀形目＞鸦科

居留习性：栖息于开阔的低山丘陵和山地。

居留食性：以金针虫、天牛、金龟子、蝗虫、蚱蜢、螽斯、蟓象、蚊子、蚂蚁等昆虫为食，也吃植物果实、种子、草籽、嫩芽等植物性食物。

居留类群：□ 游　禽　　□ 涉　禽　　□ 陆　禽　　□ 猛　禽　　□ 攀　禽　　■ 鸣　禽

居留类型：■ 留　鸟　　□ 夏候鸟　　□ 冬候鸟　　□ 旅　鸟

居留状态：□ 常见鸟　　■ 易见鸟　　□ 难见鸟　　□ 罕见鸟

达乌里寒鸦 Daurian Jackdaw
Corvus dauuricus   雀形目＞鸦科

居留习性：栖息于山地、丘陵、平原、农田、旷野等各类生态中，尤以河边悬岩和河岸森林地带较常见，夏季也至 1000 ～ 3500 米的阔叶林、针阔叶混交林等中高山森林林缘、草坡和亚高山灌丛与草甸草原等开阔地带，秋冬季多到低山丘陵和山脚平原地带，有时也进到村庄和公园。

居留食性：垃圾、腐肉、植物种子、各种昆虫和鸟卵等。

居留类群：☐ 游 禽　　☐ 涉 禽　　☐ 陆 禽　　☐ 猛 禽　　☐ 攀 禽　　■ 鸣 禽

居留类型：■ 留 鸟　　☐ 夏候鸟　　☐ 冬候鸟　　☐ 旅 鸟

居留状态：☐ 常见鸟　　■ 易见鸟　　☐ 难见鸟　　☐ 罕见鸟

秃鼻乌鸦

Rook
Corvus frugilegus

雀形目＞鸦科

- -

居留习性：栖息于低山、丘陵和平原
地区，尤以农田、河流和
村庄附近较常见。晚上多
栖于河岸和村庄附近的树
林中，清晨成群沿河谷飞
到附近农田，有时会接近
人群密集的居住区。

居留食性：杂食性，食垃圾、腐尸、
昆虫、植物种子，甚至青
蛙、蟾蜍都出现在它们的
食谱中。

居留类群：☐ 游 禽　　☐ 涉 禽
　　　　　☐ 陆 禽　　☐ 猛 禽
　　　　　☐ 攀 禽　　☑ 鸣 禽

居留类型：☑ 留 鸟　　☐ 夏候鸟
　　　　　☐ 冬候鸟　　☐ 旅 鸟

居留状态：☐ 常见鸟　　☑ 易见鸟
　　　　　☐ 难见鸟　　☐ 罕见鸟

大嘴乌鸦
Large-billed Crow
Corvus macrorhynchos　　雀形目＞鸦科

居留习性：山区、平原均可见到。喜欢在林间路旁、河谷、海岸、农田、沼泽和草地上活动，有时甚至出现在山顶灌丛和高山苔原地带。但冬季多到低山丘
陵和山脚平原地带，常在农田、村庄等人类居住地附近活动，有时也出入于城镇公园和城区树上。

居留食性：杂食性，以蝗虫等昆虫、昆虫幼虫和蛹为食，也吃雏鸟、鸟卵、鼠类、腐肉、动物尸体以及植物叶、芽、果实、种子和农作物种子等。

居留类群：☐ 游 禽　　☐ 涉 禽　　☐ 陆 禽　　☐ 猛 禽　　☐ 攀 禽　　■ 鸣 禽

居留类型：■ 留 鸟　　☐ 夏候鸟　　☐ 冬候鸟　　☐ 旅 鸟

居留状态：☐ 常见鸟　　■ 易见鸟　　☐ 难见鸟　　☐ 罕见鸟

褐头山雀 Willow Tit
Poecile montanus　　雀形目＞山雀科

居留习性：栖息于针叶林或针阔混交林。

居留食性：食物为昆虫，有半翅目、鞘翅目、膜翅目、双翅目及鳞翅目的成虫及幼虫。

居留类群：☐ 游　禽　　☐ 涉　禽　　☐ 陆　禽　　☐ 猛　禽　　☐ 攀　禽　　■ 鸣　禽

居留类型：■ 留　鸟　　☐ 夏候鸟　　☐ 冬候鸟　　☐ 旅　鸟

居留状态：☐ 常见鸟　　☐ 易见鸟　　■ 难见鸟　　☐ 罕见鸟

大山雀
Cinereous Tit
Parus cinereus   雀形目＞山雀科

居留习性：栖息于低山和山麓地带的次生阔叶林、阔叶林和针阔叶混交林中，也出入于人工林和针叶林。

居留食性：取食的昆虫中以鳞翅目昆虫最多。

居留类群：☐ 游 禽   ☐ 涉 禽   ☐ 陆 禽   ☐ 猛 禽   ☐ 攀 禽   ■ 鸣 禽

居留类型：■ 留 鸟   ☐ 夏候鸟   ☐ 冬候鸟   ☐ 旅 鸟

居留状态：☐ 常见鸟   ■ 易见鸟   ☐ 难见鸟   ☐ 罕见鸟

白冠攀雀 White-crowned Penduline Tit
Remiz coronatus

雀形目＞攀雀科

居留习性：栖息于高山针叶林或混交林间，也活动于低山开阔的村庄附近，冬季见于平原地区。喜栖于树上。

居留食性：以昆虫和昆虫幼虫为食，也吃植物果实。

居留类群：☐ 游　禽　　☐ 涉　禽　　☐ 陆　禽　　☐ 猛　禽　　☐ 攀　禽　　■ 鸣　禽

居留类型：☐ 留　鸟　　☐ 夏候鸟　　■ 冬候鸟　　☐ 旅　鸟

居留状态：☐ 常见鸟　　☐ 易见鸟　　■ 难见鸟　　☐ 罕见鸟

蒙古百灵

Mongolian Lark
Melanocorypha mongolica

雀形目＞百灵科

居留习性：栖息于草原、沙漠、近水
草地等空旷地区，也有一
些种类栖居于小灌丛间。

居留食性：以草籽、嫩芽等为食，也
捕食少量昆虫，如蚱蜢、
蝗虫等。

居留类群： □ 游　禽　　□ 涉　禽
　　　　　 □ 陆　禽　　□ 猛　禽
　　　　　 □ 攀　禽　　■ 鸣　禽

IUCN：　　□ CR 极危　　□ EN 濒危
　　　　　 ■ VU 易危　　□ NT 近危

居留类型： □ 留　鸟　　■ 夏候鸟
　　　　　 □ 冬候鸟　　□ 旅　鸟

居留状态： □ 常见鸟　　□ 易见鸟
　　　　　 ■ 难见鸟　　□ 罕见鸟

重点保护级别：国家二级保护

短趾百灵 Asian Short-toed Lark
Alandala cheleensis   雀形目＞百灵科

居留习性：栖息于欧亚大陆各地干旱的草原和牧场。

居留食性：以草籽、嫩芽等为食，也捕食昆虫，如蚱蜢、蝗虫等。

居留类群：□ 游 禽　　□ 涉 禽　　□ 陆 禽　　□ 猛 禽　　□ 攀 禽　　■ 鸣 禽

居留类型：□ 留 鸟　　■ 夏候鸟　　□ 冬候鸟　　□ 旅 鸟

居留状态：□ 常见鸟　　□ 易见鸟　　■ 难见鸟　　□ 罕见鸟

凤头百灵

Crested Lark
Galerida cristata

雀形目 > 百灵科

- -

居留习性： 栖于干燥平原、半荒漠及
农耕地。

居留食性： 以草籽、嫩芽、浆果等为
食，也捕食昆虫。

居留类群： ☐ 游　禽　　☐ 涉　禽
　　　　　　 ☐ 陆　禽　　☐ 猛　禽
　　　　　　 ☐ 攀　禽　　■ 鸣　禽

居留类型： ■ 留　鸟　　☐ 夏候鸟
　　　　　　 ☐ 冬候鸟　　☐ 旅　鸟

居留状态： ■ 常见鸟　　☐ 易见鸟
　　　　　　 ☐ 难见鸟　　☐ 罕见鸟

云 雀 Eurasian Skylark
Alauda arvensis

雀形目＞百灵科

居留习性：栖于草地、干旱平原、泥淖及沼泽。

居留食性：以植物种子、昆虫为食。

居留类群：☐ 游 禽　☐ 涉 禽　☐ 陆 禽　☐ 猛 禽　☐ 攀 禽　■ 鸣 禽

居留类型：☐ 留 鸟　☐ 夏候鸟　■ 冬候鸟　☐ 旅 鸟

居留状态：☐ 常见鸟　■ 易见鸟　☐ 难见鸟　☐ 罕见鸟

重点保护级别：国家二级保护

小云雀

Oriental Skylark
Alauda gulgula

雀形目＞百灵科

- -

居留习性：栖于长有短草的开阔地区。

居留食性：以植物性食物为食，也吃
昆虫等动物性食物，属杂
食性。

居留类群：　☐ 游　禽　　☐ 涉　禽
　　　　　　☐ 陆　禽　　☐ 猛　禽
　　　　　　☐ 攀　禽　　■ 鸣　禽

居留类型：　☐ 留　鸟　　☐ 夏候鸟
　　　　　　■ 冬候鸟　　☐ 旅　鸟

居留状态：　☐ 常见鸟　　■ 易见鸟
　　　　　　☐ 难见鸟　　☐ 罕见鸟

角百灵

Horned Lark
Eremophila alpestris　　雀形目＞百灵科

居留习性: 栖息于高山、高原草地、荒漠、半荒漠、戈壁滩和高山草甸等干性草原地区，冬季有的也出现于沿海地带、路边和农庄附近。

居留食性: 以草籽等植物性食物为食，也吃昆虫等动物性食物。

居留类群: □ 游 禽　　□ 涉 禽　　□ 陆 禽　　□ 猛 禽　　□ 攀 禽　　■ 鸣 禽

居留类型: ■ 留 鸟　　□ 夏候鸟　　□ 冬候鸟　　□ 旅 鸟

居留状态: □ 常见鸟　　□ 易见鸟　　■ 难见鸟　　□ 罕见鸟

文须雀
Bearded Reedling
Panurus biarmicus　　雀形目＞文须雀科

居留习性：通常营巢于芦苇或灌木下部，也在倒伏的芦苇堆上或旧的芦苇茬上面营巢。

居留食性：主要为昆虫、蜘蛛和芦苇种子与草籽等。

居留类群：□ 游 禽　　□ 涉 禽　　□ 陆 禽　　□ 猛 禽　　□ 攀 禽　　■ 鸣 禽

居留类型：■ 留 鸟　　□ 夏候鸟　　□ 冬候鸟　　□ 旅 鸟

居留状态：■ 常见鸟　　□ 易见鸟　　□ 难见鸟　　□ 罕见鸟

东方大苇莺 Oriental Reed Warbler
Acrocephalus orientalis　雀形目＞苇莺科

居留习性：喜芦苇地、稻田、沼泽及低地次生灌丛。

居留食性：以甲虫、金花虫、鳞翅目幼虫以及蚂蚁、豆娘和水生昆虫等昆虫为食，也吃蜘蛛、蜗牛等其他无脊椎动物和少量植物果实和种子。

居留类群：□ 游　禽　　□ 涉　禽　　□ 陆　禽　　□ 猛　禽　　□ 攀　禽　　■ 鸣　禽

居留类型：□ 留　鸟　　■ 夏候鸟　　□ 冬候鸟　　□ 旅　鸟

居留状态：■ 常见鸟　　□ 易见鸟　　□ 难见鸟　　□ 罕见鸟

崖沙燕 Sand Martin
Riparia riparia　　雀形目＞燕科

居留习性：喜栖于湖泊、泡沼和江河的泥质沙滩或附近的土崖上。

居留食性：捕食鞘翅目、双翅目、半翅目、膜翅目昆虫。

居留类群：□ 游 禽　　□ 涉 禽　　□ 陆 禽　　□ 猛 禽　　□ 攀 禽　　■ 鸣 禽

居留类型：□ 留 鸟　　■ 夏候鸟　　□ 冬候鸟　　□ 旅 鸟

居留状态：□ 常见鸟　　■ 易见鸟　　□ 难见鸟　　□ 罕见鸟

家 燕　Barn Swallow
Hirundo rustica　　雀形目＞燕科

居留习性：喜欢栖息在人类居住的环境。村落附近，常成对或成群地栖息于村屯中的房顶、电线以及附近的河滩和田野里。

居留食性：以昆虫为食，在飞行中边飞边捕。

居留类群：☐ 游 禽　　☐ 涉 禽　　☐ 陆 禽　　☐ 猛 禽　　☐ 攀 禽　　■ 鸣 禽

居留类型：☐ 留 鸟　　■ 夏候鸟　　☐ 冬候鸟　　☐ 旅 鸟

居留状态：■ 常见鸟　　☐ 易见鸟　　☐ 难见鸟　　☐ 罕见鸟

白头鹎

Light-vented Bulbul
Pycnonotus sinensis

雀形目＞鹎科

- -

居留习性：结群于果树上活动。

居留食性：杂食性鸟类，既食植物性物
质，也食动物性物质，此外，
食性还随季节而异。

居留类群：☐ 游　禽　　☐ 涉　禽
　　　　　☐ 陆　禽　　☐ 猛　禽
　　　　　☐ 攀　禽　　■ 鸣　禽

居留类型：☐ 留　鸟　　■ 夏候鸟
　　　　　☐ 冬候鸟　　☐ 旅　鸟

居留状态：☐ 常见鸟　　■ 易见鸟
　　　　　☐ 难见鸟　　☐ 罕见鸟

银喉长尾山雀 Silver-throated Bushtit
Aegithalos glaucogularis　　雀形目＞长尾山雀科

居留习性：栖息于山地针叶林或针、阔混交林中。

居留食性：食物中约有95%是危害树木的落叶松鞘蛾、天蛾、尺蠖蛾、蚜虫和象鼻虫等。

居留类群：□游　禽　　□涉　禽　　□陆　禽　　□猛　禽　　□攀　禽　　■鸣　禽

居留类型：■留　鸟　　□夏候鸟　　□冬候鸟　　□旅　鸟

居留状态：□常见鸟　　■易见鸟　　□难见鸟　　□罕见鸟

山噪鹛

Plain Laughingthrush
Garrulax davidi

雀形目＞噪鹛科

居留习性：栖息于山地斜坡上的灌丛中。

居留食性：夏季吃昆虫，辅以少量植物种子、果实；冬季则以植物种子为主。

居留类群：□ 游　禽　　□ 涉　禽
　　　　　□ 陆　禽　　□ 猛　禽
　　　　　□ 攀　禽　　■ 鸣　禽

居留类型：■ 留　鸟　　□ 夏候鸟
　　　　　□ 冬候鸟　　□ 旅　鸟

居留状态：□ 常见鸟　　■ 易见鸟
　　　　　□ 难见鸟　　□ 罕见鸟

灰椋鸟 White-cheeked Starling
Spodiopsar cineraceus 雀形目＞椋鸟科

居留习性：栖息于低山丘陵和开阔平原地带，散生有老林树的林缘灌丛和次生阔叶林，常在草甸、河谷、农田等潮湿地上觅食，休息时多栖于电线上和树木枯枝上。

居留食性：主要以昆虫为食，也吃植物果实与种子。

居留类群：☐ 游　禽　　☐ 涉　禽　　☐ 陆　禽　　☐ 猛　禽　　☐ 攀　禽　　■ 鸣　禽

居留类型：☐ 留　鸟　　■ 夏候鸟　　☐ 冬候鸟　　☐ 旅　鸟

居留状态：■ 常见鸟　　☐ 易见鸟　　☐ 难见鸟　　☐ 罕见鸟

紫翅椋鸟 Common Starling
Sturnus vulgaris 雀形目＞椋鸟科

居留习性：栖息于荒漠绿洲的树丛中，多栖于村落附近的果园、耕地或开阔多树的村庄内。

居留食性：杂食性，以黄地老虎、蝗虫、草地暝等农田害虫和尺蠖、柳毒蛾、红松叶蜂等森林害虫为食，但在秋季也聚集在果园中窃食果子或在稻田中啄食稻谷。

居留类群：□ 游　禽　　□ 涉　禽　　□ 陆　禽　　□ 猛　禽　　□ 攀　禽　　■ 鸣　禽

居留类型：□ 留　鸟　　□ 夏候鸟　　□ 冬候鸟　　■ 旅　鸟

居留状态：□ 常见鸟　　■ 易见鸟　　□ 难见鸟　　□ 罕见鸟

虎斑地鸫

White's Thrush
Zoothera aurea

雀形目＞鸫科

居留习性：栖居茂密林子里。

居留食性：捕食鞘翅目、直翅目昆虫，
鳞翅目幼虫或植物种子。

居留类群：□ 游　禽　　　□ 涉　禽
　　　　　□ 陆　禽　　　□ 猛　禽
　　　　　□ 攀　禽　　　■ 鸣　禽

居留类型：□ 留　鸟　　　□ 夏候鸟
　　　　　□ 冬候鸟　　　■ 旅　鸟

居留状态：□ 常见鸟　　　□ 易见鸟
　　　　　■ 难见鸟　　　□ 罕见鸟

赤颈鸫 Red-throated Thrush
Turdus ruficollis　　雀形目＞鸫科

居留习性： 栖息于山坡草地或丘陵疏林、平原灌丛中。

居留食性： 取食昆虫、小动物及草籽和浆果。

居留类群： ☐ 游　禽　　☐ 涉　禽　　☐ 陆　禽　　☐ 猛　禽　　☐ 攀　禽　　■ 鸣　禽

居留类型： ☐ 留　鸟　　☐ 夏候鸟　　☐ 冬候鸟　　■ 旅　鸟

居留状态： ■ 常见鸟　　☐ 易见鸟　　☐ 难见鸟　　☐ 罕见鸟

红尾斑鸫
Naumann's Thrush
Turdus naumanni

雀形目＞鸫科

居留习性：通常在森林、灌丛、草原环境活动。

居留食性：以昆虫为主食，也进食部分浆果。

居留类群：☐ 游 禽　　☐ 涉 禽　　☐ 陆 禽　　☐ 猛 禽　　☐ 攀 禽　　■ 鸣 禽

居留类型：☐ 留 鸟　　☐ 夏候鸟　　☐ 冬候鸟　　■ 旅 鸟

居留状态：☐ 常见鸟　　■ 易见鸟　　☐ 难见鸟　　☐ 罕见鸟

斑鸫

Dusky Thrush
Turdus eunomus

雀形目＞鸫科

居留习性：喜活动于平原田地或开阔
　　　　　山坡的草丛灌木间。

居留食性：以各种昆虫为主。

居留类群：☐ 游　禽　　☐ 涉　禽
　　　　　☐ 陆　禽　　☐ 猛　禽
　　　　　☐ 攀　禽　　■ 鸣　禽

居留类型：☐ 留　鸟　　☐ 夏候鸟
　　　　　☐ 冬候鸟　　■ 旅　鸟

居留状态：☐ 常见鸟　　■ 易见鸟
　　　　　☐ 难见鸟　　☐ 罕见鸟

蓝喉歌鸲 Bluethroat
Luscinia svecica

雀形目＞鹟科

居留习性：栖息于灌丛或芦苇丛中。

居留食性：以金龟甲、蝽象、蝗虫、鳞翅目、鞘翅目等昆虫和昆虫幼虫为食，
特别是鳞翅目幼虫最嗜吃，也吃植物种子等。

居留类群：☐ 游　禽　☐ 涉　禽　☐ 陆　禽　☐ 猛　禽
　　　　　☐ 攀　禽　■ 鸣　禽

居留类型：■ 留　鸟　☐ 夏候鸟　☐ 冬候鸟　☐ 旅　鸟

居留状态：☐ 常见鸟　☐ 易见鸟　■ 难见鸟　☐ 罕见鸟

重点保护级别：国家二级保护

红肋蓝尾鸲
Orange-flanked Bluetail
Tarsiger cyanurus

雀形目＞鹟科

居留习性： 繁殖期间栖息于山地针叶林、岳桦林、针阔叶混交林和山上部林缘疏林灌丛地带，尤以潮湿的冷杉、岳桦林下较常见。迁徙季节和冬季亦见于低山丘陵和山脚平原地带的次生林，林缘疏林、道旁和溪边疏林灌丛中，有时甚至出现于果园和村寨附近的疏林、灌丛和草坡。

居留食性： 繁殖期间以甲虫、小蠹虫等昆虫和昆虫幼虫为食。迁徙期间除吃昆虫外，也吃少量植物果实与种子等植物性食物。

居留类群： □ 游　禽　　□ 涉　禽　　□ 陆　禽　　□ 猛　禽　　□ 攀　禽　　■ 鸣　禽

居留类型： □ 留　鸟　　□ 夏候鸟　　□ 冬候鸟　　■ 旅　鸟

居留状态： □ 常见鸟　　□ 易见鸟　　■ 难见鸟　　□ 罕见鸟

贺兰山红尾鸲

Alashan Redstart
Phoenicurus alaschanicus　　　　雀形目＞鹟科

居留习性：喜山区稠密灌丛及多松散岩石的山坡。

居留食性：食物主要为昆虫及少量植物种子。

居留类群：□ 游 禽　　□ 涉 禽　　□ 陆 禽　　□ 猛 禽　　□ 攀 禽　　■ 鸣 禽

IUCN：　　□ CR 极危　　■ EN 濒危　　□ VU 易危　　□ NT 近危

居留类型：□ 留 鸟　　■ 夏候鸟　　□ 冬候鸟　　□ 旅 鸟

居留状态：□ 常见鸟　　□ 易见鸟　　■ 难见鸟　　□ 罕见鸟

重点保护级别：国家二级保护

赭红尾鸲

Black Redstart
Phoenicurus ochruros

雀形目＞鹟科

居留习性：栖息于高山针叶林和林线以上的高山灌丛草地，也栖息于高原草地、河谷、灌丛以及有稀疏灌木生长的岩石草坡、荒漠和农田与村庄附近的小块林内。冬季也到低山和山脚平原地带的人工林、果园和河谷灌丛中活动。

居留食性：以甲虫蚁等鞘翅目、鳞翅目、膜翅目昆虫为食，也吃甲壳类、蜘蛛和节肢动物等其他小型无脊椎动物，偶尔也吃植物种子、果实和草籽。

居留类群：□ 游　禽　　□ 涉　禽
　　　　　□ 陆　禽　　□ 猛　禽
　　　　　□ 攀　禽　　■ 鸣　禽

居留类型：■ 留　鸟　　□ 夏候鸟
　　　　　□ 冬候鸟　　□ 旅　鸟

居留状态：□ 常见鸟　　□ 易见鸟
　　　　　■ 难见鸟　　□ 罕见鸟

北红尾鸲

Daurian Redstart
Phoenicurus auroreus

雀形目＞鸲科

居留习性：栖息于山地、森林、河谷、林缘和居民点附近的灌丛与低矮树丛中，尤以居民点和附近的丛林、花园、地边树丛较常见，有时也沿公路、河谷深入到大的森林中，但亦多在路边林缘地带活动。

居留食性：以昆虫为食。

居留类群：□ 游　禽　　□ 涉　禽
　　　　　□ 陆　禽　　□ 猛　禽
　　　　　□ 攀　禽　　■ 鸣　禽

居留类型：□ 留　鸟　　■ 夏候鸟
　　　　　□ 冬候鸟　　□ 旅　鸟

居留状态：■ 常见鸟　　□ 易见鸟
　　　　　□ 难见鸟　　□ 罕见鸟

黑喉石䳭 Siberian Stonechat
Saxicola maurus　　　雀形目＞鹟科

居留习性：栖息于低山、丘陵、平原、草地、沼泽、田间灌丛、旷野，以及湖泊与河流沿岸附近灌丛草地。

居留食性：以昆虫为食，也吃蚯蚓、蜘蛛等其他无脊椎动物以及少量植物果实和种子。

居留类群：☐ 游　禽　　☐ 涉　禽　　☐ 陆　禽　　☐ 猛　禽　　☐ 攀　禽　　▣ 鸣　禽

居留类型：▣ 留　鸟　　☐ 夏候鸟　　☐ 冬候鸟　　☐ 旅　鸟

居留状态：▣ 常见鸟　　☐ 易见鸟　　☐ 难见鸟　　☐ 罕见鸟

沙鵰

Isabelline Wheatear
Oenanthe isabellina

雀形目＞鹟科

居留习性：栖息于有稀疏植物生长的
干旱平原、荒漠、半荒漠
和沙丘地带。

居留食性：以甲虫、鳞翅目幼虫、蝗
虫、蜂、蚂蚁等昆虫和昆
虫幼虫为食。

居留类群：□ 游　禽　　　□ 涉　禽
　　　　　□ 陆　禽　　　□ 猛　禽
　　　　　□ 攀　禽　　　■ 鸣　禽

居留类型：■ 留　鸟　　　□ 夏候鸟
　　　　　□ 冬候鸟　　　□ 旅　鸟

居留状态：□ 常见鸟　　　■ 易见鸟
　　　　　□ 难见鸟　　　□ 罕见鸟

白顶䳺 Pied Wheatear
Oenanthe pleschanka   雀形目＞鹟科

居留习性：栖于多石块而有矮树的荒地、农庄城镇。栖势直，尾上下摇动。

居留食性：捕食昆虫。

居留类群：☐ 游 禽　　☐ 涉 禽　　☐ 陆 禽　　☐ 猛 禽　　☐ 攀 禽　　■ 鸣 禽

居留类型：■ 留 鸟　　☐ 夏候鸟　　☐ 冬候鸟　　☐ 旅 鸟

居留状态：■ 常见鸟　　☐ 易见鸟　　☐ 难见鸟　　☐ 罕见鸟

漠　鸭

Desert Wheatear
Oenanthe deserti

雀形目＞鹟科

- -

居留习性：喜多石的荒漠及荒地，常
　　　　　栖于低矮植被。

居留食性：以甲虫、蚂蚁等昆虫和昆
　　　　　虫幼虫为食。

居留类群：□ 游　禽　　　□ 涉　禽
　　　　　□ 陆　禽　　　□ 猛　禽
　　　　　□ 攀　禽　　　■ 鸣　禽

居留类型：■ 留　鸟　　　□ 夏候鸟
　　　　　□ 冬候鸟　　　□ 旅　鸟

居留状态：□ 常见鸟　　　■ 易见鸟
　　　　　□ 难见鸟　　　□ 罕见鸟

红喉姬鹟

Taiga Flycatcher
Ficedula albicilla

雀形目 > 鹟科

居留习性：栖息于针阔混交林和灌
丛。

居留食性：以叶甲、金龟子、夜蛾、
隐翅虫、叩头虫、卷象等
鞘翅目、鳞翅目、双翅目
以及其他昆虫和昆虫幼虫
为食。

居留类群：□ 游　禽　　□ 涉　禽
　　　　　□ 陆　禽　　□ 猛　禽
　　　　　□ 攀　禽　　■ 鸣　禽

居留类型：□ 留　鸟　　■ 夏候鸟
　　　　　□ 冬候鸟　　□ 旅　鸟

居留状态：□ 常见鸟　　■ 易见鸟
　　　　　□ 难见鸟　　□ 罕见鸟

戴　菊

Goldcrest
Regulus regulus

雀形目＞戴菊科

居留习性： 栖息于海拔 800 米以上的针叶林和针阔叶混交林中。

居留食性： 以各种昆虫为食，尤以鞘翅目昆虫及幼虫为主，也吃蜘蛛和其他小型无脊椎动物，冬季也吃少量植物种子。

居留类群： □ 游　禽　　□ 涉　禽
　　　　　　□ 陆　禽　　□ 猛　禽
　　　　　　□ 攀　禽　　■ 鸣　禽

居留类型： □ 留　鸟　　□ 夏候鸟
　　　　　　□ 冬候鸟　　■ 旅　鸟

居留状态： □ 常见鸟　　■ 易见鸟
　　　　　　□ 难见鸟　　□ 罕见鸟

太平鸟　Bohemian Waxwing
Bombycilla garrulus　　雀形目＞太平鸟科

居留习性：主要集聚在槐林和针叶林。越冬栖息地以针叶林及高大阔叶树为主。

居留食性：在繁殖期以昆虫为食，秋后则以浆果为主食，也吃花揪、酸果蔓、野蔷薇、山楂、鼠李的果实以及落叶松的球果。

居留类群：□游　禽　　□涉　禽　　□陆　禽　　□猛　禽　　□攀　禽　　■鸣　禽

居留类型：□留　鸟　　□夏候鸟　　□冬候鸟　　■旅　鸟

居留状态：□常见鸟　　■易见鸟　　□难见鸟　　□罕见鸟

棕眉山岩鹨 Siberian Accentor
Prunella montanella 雀形目＞岩鹨科

居留习性：藏隐于森林及灌丛的林下植被。

居留食性：以各种昆虫和昆虫幼虫为食，也吃草籽、植物果实和种子等植物食物。

居留类群：□游　禽　　□涉　禽　　□陆　禽　　□猛　禽　　□攀　禽　　■鸣　禽

居留类型：□留　鸟　　□夏候鸟　　■冬候鸟　　□旅　鸟

居留状态：□常见鸟　　■易见鸟　　□难见鸟　　□罕见鸟

褐岩鹨 Brown Accentor
Prunella fulvescens　雀形目＞岩鹨科

居留习性： 栖息于高原草地、荒野、农田、牧场，甚至进到居民点附近，有时也出现于荒漠、半荒漠和高山裸岩草地，尤其喜欢在有零星灌木生长的多岩石高原草地活动。

居留食性： 以甲虫、蛾、蚂蚁等昆虫为食，也吃蜗牛等其他小型无脊椎动物和植物果实、种子等植物性食物。

居留类群： □游　禽　　□涉　禽　　□陆　禽　　□猛　禽　　□攀　禽　　■鸣　禽

居留类型： ■留　鸟　　□夏候鸟　　□冬候鸟　　□旅　鸟

居留状态： □常见鸟　　■易见鸟　　□难见鸟　　□罕见鸟

家麻雀

House Sparrow
Passer domesticus

雀形目＞雀科

- -

居留习性：栖息于人类居住环境。

居留食性：以植物性食物和昆虫为食。

居留类群： □ 游　禽　　　□ 涉　禽
　　　　　 □ 陆　禽　　　□ 猛　禽
　　　　　 □ 攀　禽　　　■ 鸣　禽

居留类型： ■ 留　鸟　　　□ 夏候鸟
　　　　　 □ 冬候鸟　　　□ 旅　鸟

居留状态： □ 常见鸟　　　■ 易见鸟
　　　　　 □ 难见鸟　　　□ 罕见鸟

山麻雀 Russet Sparrow
Passer cinnamomeus   雀形目＞雀科

居留习性：栖息于海拔 1500 米以下的低山丘陵和山脚平原地带的各类森林和灌丛中。

居留食性：以植物性食物和昆虫为食。

居留类群：☐ 游　禽　　☐ 涉　禽　　☐ 陆　禽　　☐ 猛　禽　　☐ 攀　禽　　■ 鸣　禽

居留类型：☐ 留　鸟　　■ 夏候鸟　　☐ 冬候鸟　　☐ 旅　鸟

居留状态：☐ 常见鸟　　■ 易见鸟　　☐ 难见鸟　　☐ 罕见鸟

麻 雀 Eurasian Tree Sparrow
Passer montanus

雀形目＞雀科

居留习性：栖息于居民点和田野附近。

居留食性：以谷物为食。

居留类群：☐ 游 禽　　☐ 涉 禽　　☐ 陆 禽　　☐ 猛 禽　　☐ 攀 禽　　■ 鸣 禽

居留类型：■ 留 鸟　　☐ 夏候鸟　　☐ 冬候鸟　　☐ 旅 鸟

居留状态：■ 常见鸟　　☐ 易见鸟　　☐ 难见鸟　　☐ 罕见鸟

黄鹡鸰 Eastern Yellow Wagtail
Motacilla tschutschensis

雀形目＞鹡鸰科

居留习性：栖息于低山丘陵、平原以及海拔 4000 米以上的高原和山地。常在林缘、林中溪流、平原河谷、村野、湖畔和居民点附近活动。

居留食性：以昆虫为食，多在地上捕食，有时亦见在空中飞行捕食。

居留类群：☐ 游 禽　　☐ 涉 禽　　☐ 陆 禽　　☐ 猛 禽　　☐ 攀 禽　　■ 鸣 禽

居留类型：☐ 留 鸟　　☐ 夏候鸟　　☐ 冬候鸟　　■ 旅 鸟

居留状态：■ 常见鸟　　☐ 易见鸟　　☐ 难见鸟　　☐ 罕见鸟

黄头鹡鸰 Citrine Wagtail
Motacilla citreola　　雀形目＞鹡鸰科

居留习性：栖息于湖畔、河边、农田、草地、沼泽等各类生态中。

居留食性：以鳞翅目、鞘翅目、双翅目、膜翅目、半翅目等昆虫为食，偶尔也吃少量植物性食物。

居留类群：□游　禽　　□涉　禽　　□陆　禽　　□猛　禽　　□攀　禽　　■鸣　禽

居留类型：□留　鸟　　□夏候鸟　　□冬候鸟　　■旅　鸟

居留状态：■常见鸟　　□易见鸟　　□难见鸟　　□罕见鸟

灰鹡鸰

Grey Wagtail
Motacilla cinerea

雀形目＞鹡鸰科

居留习性：栖息于溪流、河谷、湖泊、
　　　　　水塘、沼泽等水域岸边或
　　　　　水域附近的草地、农田、
　　　　　住宅和林区居民点，尤其
　　　　　喜欢在山区河流岸边和道
　　　　　路上活动，也出现在林中
　　　　　溪流和城市公园中。

居留食性：以昆虫为食。此外也吃蜘
　　　　　蛛等其他小型无脊椎动物。

居留类群：☐ 游　禽　　☐ 涉　禽
　　　　　☐ 陆　禽　　☐ 猛　禽
　　　　　☐ 攀　禽　　■ 鸣　禽

居留类型：☐ 留　鸟　　■ 夏候鸟
　　　　　☐ 冬候鸟　　☐ 旅　鸟

居留状态：■ 常见鸟　　☐ 易见鸟
　　　　　☐ 难见鸟　　☐ 罕见鸟

白鹡鸰

White Wagtail
Motacilla alba

雀形目＞鹡鸰科

居留习性：栖息于河流、湖泊、水库、水塘等水域岸边，也栖息于农田、湿草原、沼泽等湿地，有时还栖息于水域附近的居民点和公园。

居留食性：以昆虫为食，主要为鞘翅目、双翅目、鳞翅目、膜翅目、直翅目等昆虫，如象甲、蛴螬、叩头甲、米象、毛虫、蝗虫、蝉、螽斯、金龟子、蚂蚁、蜂类、步行虫、蛾、蝇、蚜虫、蛆、蛹和昆虫幼虫等。此外，也吃蜘蛛等其他无脊椎动物，偶尔吃植物种子、浆果等植物性食物。

居留类群：☐ 游　禽　　☐ 涉　禽
　　　　　☐ 陆　禽　　☐ 猛　禽
　　　　　☐ 攀　禽　　■ 鸣　禽

居留类型：☐ 留　鸟　　■ 夏候鸟
　　　　　☐ 冬候鸟　　☐ 旅　鸟

居留状态：■ 常见鸟　　☐ 易见鸟
　　　　　☐ 难见鸟　　☐ 罕见鸟

田 鹨 Richard's Pipit
Anthus richardi 雀形目＞鹡鸰科

居留习性：栖息于开阔平原、草地、河滩、林缘灌丛、林间空地以及农田和沼泽地带。

居留食性：以昆虫为食。

居留类群：☐ 游 禽　☐ 涉 禽　☐ 陆 禽　☐ 猛 禽　☐ 攀 禽　■ 鸣 禽

居留类型：■ 留 鸟　☐ 夏候鸟　☐ 冬候鸟　☐ 旅 鸟

居留状态：☐ 常见鸟　■ 易见鸟　☐ 难见鸟　☐ 罕见鸟

布氏鹨 Blyth's Pipit
Anthus godlewskii   雀形目＞鹡鸰科

居留习性：喜旷野、湖岸及干旱平原。

居留食性：以昆虫为食。

居留类群：☐ 游 禽　☐ 涉 禽　☐ 陆 禽　☐ 猛 禽　☐ 攀 禽　■ 鸣 禽

居留类型：☐ 留 鸟　■ 夏候鸟　☐ 冬候鸟　☐ 旅 鸟

居留状态：☐ 常见鸟　■ 易见鸟　☐ 难见鸟　☐ 罕见鸟

树　鹨

Olive-backed Pipit
Anthus hodgsoni

雀形目＞鹡鸰科

居留习性： 繁殖期间栖息在海拔 1000
米以上的阔叶林、混交林
和针叶林等山地森林中；
迁徙期间和冬季，则多栖
于低山丘陵和山脚平原草
地。常活动在林缘、路边、
河谷、林间空地、高山苔
原、草地等各类生态，有
时也出现在居民点。

居留食性： 食有鳞翅目幼虫、蝗虫等
昆虫，也吃蜘蛛、蜗牛等
小型无脊椎动物，此外还
吃苔藓、谷粒、杂草种子
等植物性食物。

居留类群： □ 游　禽　　□ 涉　禽
　　　　　　□ 陆　禽　　□ 猛　禽
　　　　　　□ 攀　禽　　■ 鸣　禽

居留类型： □ 留　鸟　　■ 夏候鸟
　　　　　　□ 冬候鸟　　□ 旅　鸟

居留状态： □ 常见鸟　　■ 易见鸟
　　　　　　□ 难见鸟　　□ 罕见鸟

黄腹鹨 Buff-bellied Pipit
Anthus rubescens　　雀形目＞鹡鸰科

居留习性：栖息于阔叶林、混交林和针叶林等山地森林中。亦在高山矮曲林和疏林灌丛栖息。迁徙期间和冬季，多栖于低山丘陵和山脚平原草地。

居留食性：主要为有鞘翅目昆虫、鳞翅目幼虫及膜翅目昆虫，兼食一些植物性种子。

居留类群：☐ 游　禽　　☐ 涉　禽　　☐ 陆　禽　　☐ 猛　禽　　☐ 攀　禽　　■ 鸣　禽

居留类型：☐ 留　鸟　　■ 夏候鸟　　☐ 冬候鸟　　☐ 旅　鸟

居留状态：☐ 常见鸟　　■ 易见鸟　　☐ 难见鸟　　☐ 罕见鸟

水　鹨　Water Pipit
Anthus spinoletta　　雀形目＞鹡鸰科

居留习性：栖息于 900 ～ 1300 米的山地森林、草地、农田等处，单个或成对活动。

居留食性：以昆虫为主，也吃蜘蛛、蜗牛等小型无脊椎动物，此外还吃苔藓、谷粒、杂草种子等植物性食物。

居留类群：□ 游 禽　　□ 涉 禽　　□ 陆 禽　　□ 猛 禽　　□ 攀 禽　　■ 鸣 禽

居留类型：■ 留 鸟　　□ 夏候鸟　　□ 冬候鸟　　□ 旅 鸟

居留状态：□ 常见鸟　　■ 易见鸟　　□ 难见鸟　　□ 罕见鸟

苍头燕雀 Common Chaffinch
Fringilla coelebs　　　　雀形目＞燕雀科

居留习性：栖息于阔叶林、针叶阔叶混交林、针叶林和次生林等各类森林地带，尤以在桦树占优势的树林中较常见。也在林缘疏林、灌丛及河岸小林内出现，
　　　　　迁徙期间和冬季也活动于农田边灌丛与树上、旷野、果园，有时也出现于村庄附近的小林内和居民点。

居留食性：夏季以动物性食物为主，冬春季则多以植物性食物为食。

居留类群：☐ 游 禽　　☐ 涉 禽　　☐ 陆 禽　　☐ 猛 禽　　☐ 攀 禽　　▣ 鸣 禽

居留类型：☐ 留 鸟　　☐ 夏候鸟　　▣ 冬候鸟　　☐ 旅 鸟

居留状态：☐ 常见鸟　　▣ 易见鸟　　☐ 难见鸟　　☐ 罕见鸟

燕　雀　Brambling
Fringilla montifringilla　　雀形目＞燕雀科

居留习性：栖息于林缘疏林、次生林、农田、旷野、果园和村庄附近的小林内。

居留食性：以草籽、果实等植物性食物为食，尤以杂草种子最喜吃，也吃树木种子、果实、植物嫩叶、小米、稻谷、高粱、玉米、向日葵等农作物种子，繁
殖期间以昆虫为食。

居留类群：☐ 游　禽　　☐ 涉　禽　　☐ 陆　禽　　☐ 猛　禽　　☐ 攀　禽　　■ 鸣　禽

居留类型：☐ 留　鸟　　☐ 夏候鸟　　■ 冬候鸟　　☐ 旅　鸟

居留状态：☐ 常见鸟　　■ 易见鸟　　☐ 难见鸟　　☐ 罕见鸟

白斑翅拟蜡嘴雀

White-winged Grosbeak
Mycerobas carnipes

雀形目＞燕雀科

居留习性：地方性常见于海拔 2800 ～ 4600
米沿林线的冷杉、松树及矮小
桧树之上。

居留食性：以种子为食。

居留类群：	☐ 游　禽	☐ 涉　禽
	☐ 陆　禽	☐ 猛　禽
	☐ 攀　禽	■ 鸣　禽
居留类型：	■ 留　鸟	☐ 夏候鸟
	☐ 冬候鸟	☐ 旅　鸟
居留状态：	☐ 常见鸟	☐ 易见鸟
	■ 难见鸟	☐ 罕见鸟

锡嘴雀 Hawfinch
Coccothraustes coccothraustes 雀形目＞燕雀科

居留习性：栖息于低山、丘陵和平原地带的阔叶林、针阔叶混交林和次生林及人工林，秋冬季常到林缘、溪边、果园、路边和农田地带的小树林和灌丛中，
有时到城市公园和房舍边孤立树上活动和觅食。

居留食性：以植物果实、种子为食，也吃昆虫。

居留类群：☐ 游 禽　　☐ 涉 禽　　☐ 陆 禽　　☐ 猛 禽　　☐ 攀 禽　　■ 鸣 禽

居留类型：☐ 留 鸟　　☐ 夏候鸟　　☐ 冬候鸟　　■ 旅 鸟

居留状态：☐ 常见鸟　　■ 易见鸟　　☐ 难见鸟　　☐ 罕见鸟

巨嘴沙雀　Desert Finch
Rhodospiza obsoleta　　雀形目＞燕雀科

居留习性：栖息于半干旱的有稀疏矮丛的地带，也见于花园及耕地。

居留食性：以各种植物种子为食，也吃坚果和浆果等植物果实。

居留类群：☐ 游　禽　　☐ 涉　禽　　☐ 陆　禽　　☐ 猛　禽　　☐ 攀　禽　　■ 鸣　禽

居留类型：☐ 留　鸟　　☐ 夏候鸟　　☐ 冬候鸟　　■ 旅　鸟

居留状态：☐ 常见鸟　　■ 易见鸟　　☐ 难见鸟　　☐ 罕见鸟

普通朱雀 Common Rosefinch
Carpodacus erythrinus　　雀形目＞燕雀科

居留习性：栖息于海拔 1000 米以上的针叶林和针阔叶混交林及其林缘地带。

居留食性：以果实、种子、花序、芽苞、嫩叶等植物性食物为食，繁殖期间也吃部分昆虫。

居留类群：☐ 游 禽　　☐ 涉 禽　　☐ 陆 禽　　☐ 猛 禽　　☐ 攀 禽　　■ 鸣 禽

居留类型：☐ 留 鸟　　■ 夏候鸟　　☐ 冬候鸟　　☐ 旅 鸟

居留状态：☐ 常见鸟　　■ 易见鸟　　☐ 难见鸟　　☐ 罕见鸟

红眉朱雀

Himalayan Beautiful Rosefinch
Carpodacus pulcherrimus

雀形目＞燕雀科

居留习性：喜桧树及有矮小栎树及杜鹃的灌丛，冬季下至较低处。

居留食性：以草籽为食，也吃果实、浆果、嫩芽和农作物种子等植物性食物。

居留类群：□ 游 禽　　□ 涉 禽　　□ 陆 禽　　□ 猛 禽　　□ 攀 禽　　■ 鸣 禽

居留类型：■ 留 鸟　　□ 夏候鸟　　□ 冬候鸟　　□ 旅 鸟

居留状态：□ 常见鸟　　□ 易见鸟　　■ 难见鸟　　□ 罕见鸟

北朱雀

Pallas's Rosefinch
Carpodacus roseus

雀形目＞燕雀科

居留习性：栖息于低海拔山区的针阔
　　　　　叶混交林、阔叶混交林和
　　　　　阔叶林，丘陵地带的杂木
　　　　　林和平原的榆、柳林中。

居留食性：取食杂草种子、浆果和树叶。

居留类群：☐ 游　禽　　　☐ 涉　禽
　　　　　☐ 陆　禽　　　☐ 猛　禽
　　　　　☐ 攀　禽　　　■ 鸣　禽

居留类型：☐ 留　鸟　　　☐ 夏候鸟
　　　　　■ 冬候鸟　　　☐ 旅　鸟

居留状态：☐ 常见鸟　　　☐ 易见鸟
　　　　　■ 难见鸟　　　☐ 罕见鸟

金翅雀

Grey-capped Greenfinch
Chloris sinica

雀形目＞燕雀科

- -

居留习性： 栖息于海拔 1500 米以下的低山、丘陵、山脚和平原等开阔地带的疏林中，尤其喜欢林缘疏林和生长有零星大树的山脚平原，也出现于城镇公园、果园、苗圃、农田地边和村寨附近的树丛中或树上。

居留食性： 以植物果实、种子和谷粒等农作物为食。

居留类群： ☐ 游 禽　　☐ 涉 禽
　　　　　　☐ 陆 禽　　☐ 猛 禽
　　　　　　☐ 攀 禽　　☑ 鸣 禽

居留类型： ☑ 留 鸟　　☐ 夏候鸟
　　　　　　☐ 冬候鸟　　☐ 旅 鸟

居留状态： ☑ 常见鸟　　☐ 易见鸟
　　　　　　☐ 难见鸟　　☐ 罕见鸟

白腰朱顶雀 Common Redpoll
Acanthis flammea   雀形目＞燕雀科

- -

居留习性：活动在荒山、灌木、林缘和田间，尤以草地和谷子地为多见。

居留食性：喜稻谷，尤喜吃苏子。

居留类群：□游　禽　　□涉　禽　　□陆　禽　　□猛　禽　　□攀　禽　　■鸣　禽

居留类型：□留　鸟　　□夏候鸟　　■冬候鸟　　□旅　鸟

居留状态：□常见鸟　　□易见鸟　　■难见鸟　　□罕见鸟

黄 雀
Eurasian Siskin
Spinus spinus　　　雀形目>燕雀科

居留习性：生活于山林、丘陵和平原地带，秋季和冬季多见于平原地区或山脚林带避风处。

居留食性：食物一般随季节和地区不同而有变化，吃嫩芽、种子、昆虫、浆果和昆虫等。

居留类群：□游 禽　　□涉 禽　　□陆 禽　　□猛 禽　　□攀 禽　　■鸣 禽

居留类型：□留 鸟　　□夏候鸟　　□冬候鸟　　■旅 鸟

居留状态：□常见鸟　　□易见鸟　　■难见鸟　　□罕见鸟

灰眉岩鹀 Godlewski's Bunting
Emberiza godlewskii　　雀形目>鹀科

居留习性：栖息于裸露的低山丘陵、高山和高原等开阔地带的岩石荒坡、草地和灌丛中。

居留食性：以草籽、果实、种子和农作物等植物性食物为食，也吃昆虫和昆虫幼虫。

居留类群：☐ 游　禽　　☐ 涉　禽　　☐ 陆　禽　　☐ 猛　禽　　☐ 攀　禽　　■ 鸣　禽

居留类型：■ 留　鸟　　☐ 夏候鸟　　☐ 冬候鸟　　☐ 旅　鸟

居留状态：■ 常见鸟　　☐ 易见鸟　　☐ 难见鸟　　☐ 罕见鸟

三道眉草鹀

Meadow Bunting
Emberiza cioides

雀形目＞鹀科

- -

居留习性： 夏季多见于丘陵及高山上，冬季抵达山脚或山谷及平原等地。

居留食性： 以野生草种为主，夏季以昆虫为主。

居留类群： ☐ 游 禽　　☐ 涉 禽
　　　　　　☐ 陆 禽　　☐ 猛 禽
　　　　　　☐ 攀 禽　　☒ 鸣 禽

居留类型： ☒ 留 鸟　　☐ 夏候鸟
　　　　　　☐ 冬候鸟　　☐ 旅 鸟

居留状态： ☒ 常见鸟　　☐ 易见鸟
　　　　　　☐ 难见鸟　　☐ 罕见鸟

小 鹀 Little Bunting
Emberiza pusilla   雀形目＞鹀科

居留习性：栖息于灌木丛、小乔木、村边树林与草地、苗圃、麦地和稻田中。

居留食性：以草籽、种子、果实等植物性食物为食，也吃昆虫等动物性食物。

居留类群：□ 游 禽　　□ 涉 禽　　□ 陆 禽　　□ 猛 禽　　□ 攀 禽　　■ 鸣 禽

居留类型：□ 留 鸟　　□ 夏候鸟　　□ 冬候鸟　　■ 旅 鸟

居留状态：■ 常见鸟　　□ 易见鸟　　□ 难见鸟　　□ 罕见鸟

苇 鹀

Pallas's Bunting
Emberiza pallasi

雀形目＞鹀科

- -

居留习性： 多栖息于平原沼泽及溪流旁的柳丛和芦苇中、丘陵和平原的灌丛中。

居留食性： 取食植物种子，兼食一些昆虫。

居留类群： ☐ 游 禽　　☐ 涉 禽
　　　　　　☐ 陆 禽　　☐ 猛 禽
　　　　　　☐ 攀 禽　　▣ 鸣 禽

居留类型： ▣ 留 鸟　　☐ 夏候鸟
　　　　　　☐ 冬候鸟　　☐ 旅 鸟

居留状态： ▣ 常见鸟　　☐ 易见鸟
　　　　　　☐ 难见鸟　　☐ 罕见鸟

芦 鹀 Reed Bunting
Emberiza schoeniclus 雀形目＞鹀科

- -

居留习性：栖于高芦苇地，但冬季也在林地、田野及开阔原野取食。

居留食性：食物多为植物性的杂草种子，亦吃部分昆虫。

居留类群：□ 游 禽　　□ 涉 禽　　□ 陆 禽　　□ 猛 禽　　□ 攀 禽　　■ 鸣 禽

居留类型：■ 留 鸟　　□ 夏候鸟　　□ 冬候鸟　　□ 旅 鸟

居留状态：□ 常见鸟　　■ 易见鸟　　□ 难见鸟　　□ 罕见鸟

后　记

　　时间如白驹过隙，作者已从事野生动物摄影近九个年头了。东进西出贺兰山，南来北往过黄河，记不清多少次冬去春来，晨出暮归，徜徉在大自然怀抱中追逐梦想。记忆的碎片，串联着许多我与鸟挥之不去的情感故事。

　　黄河宁夏段，不能不提青铜峡库区湿地自然保护区——鸟岛，湖水涟涟，芦苇苍苍，食源充足，视野开阔，游禽、涉禽、陆禽、鸣禽、猛禽等在这里汇聚，这里就是鸟的世界，鸟的乐园。自然保护区科学有效的保护管理和建设，逐步使鸟岛成为野生鸟类孵化基地，生活福地，亦有了"留鸟的幸福家园，旅鸟的快乐驿站"的美誉。

　　编辑该书，有一个内容是需要为读者交代的，青铜峡库区湿地自然保护区管理局为编辑本书提供了一份鸟种名录（共 178 种），分别是 2003 年和 2014 年两次鸟种普查记录，而作者以拍摄实体鸟种图片为本书素材，其中个别鸟种是作者未能拍摄到的，本着科学严谨求实的态度，编辑将其收录于后记之中。分别是：角鸊鷉、斑嘴鹈鹕、黑鹳、花脸鸭、斑背潜鸭、中华秋沙鸭、褐耳鹰、草原鹞、普通秧鸡、小田鸡、白胸苦恶鸟、小鸥、丘鹬、大沙锥、黑腹滨鹬、普通夜鹰、林鹬、贺兰山岩鹨、红喉歌鸲、小煌莺、白喉林莺、芦苇莺、灰背鸫等23种。

　　作为一名野生动物摄影记录者，我未能忘记自己的初衷，通过自己努力，夯实宁夏野生鸟类保护工作的基础，一为科普与科研，二为领导科学决策提供基础依据，三是补短板，改变库区湿地野生鸟类有名无属地原生态照片的困境。由于理论知识和技术水平等诸多因素影响，图谱中难免有错误和不足之处，望专家及各位读者们批评指正。

编者

2022 年 1 月 8 日

参考文献

郑光美　中国鸟类分类与分布名录（第三版）　北京：科学出版社，2017

约翰，马敬能，卡·菲利普斯，何芬奇　中国鸟类野外手册　长沙：湖南教育出版社，2000

傅景文　宁夏鸟类图鉴　银川：宁夏人民出版社，2007